Jean-Pierre Chalon

Combien pèse un nuage ?

ou pourquoi les nuages ne tombent pas

Préface de Claude Allègre

Illustrations
de Thomas Haessig

EDP SCIENCES

17, avenue du Hoggar
Parc d'Activité de Courtabœuf, BP 112
91944 Les Ulis Cedex A, France

En couverture : Illustration originale de Thomas Haessig.

ISBN : 2-86883-610-0

« *Bulles de sciences* »
Collection dirigée par Bénédicte Leclercq

Ouvrages déjà parus :
La Terre chauffe-t-elle ? Gérard Lambert
Asymétrie, la beauté du diable, Frank Close
Que sait-on des maladies à prions ? Émile Desfeux
Des séquoias dans les étoiles, Philippe Chomaz
Les neutrinos vont-ils au paradis ? François Vannucci
Les requins sont-ils des fossiles vivants ? Gilles Cuny
Des vampires chez les plantes, Georges Sallé

À paraître :
La vie ralentie, Jean Génermont et Catherine Perrin
Couper les secondes en quatre, Tony Jones

Préface

Dans la vie de tous les jours, il y a des objets qui nous sont à la fois familiers et étrangers.

Tels sont les nuages.

Depuis que l'homme existe, il n'a cessé de regarder les nuages. Ceux qui assombrissent le ciel et annoncent la pluie, navrante pour les vacanciers, bienfaisante pour les agriculteurs, ceux qui par leur blancheur décorent l'azur des après-midi ensoleillés d'été. Ceux que l'on voit arriver avec plaisir après les avoir attendus trop longtemps, ceux que l'on espère voir disparaître pour les avoir vus trop longtemps aussi.

Pourtant, peu de personnes savent ce que sont ces nuages. De quoi sont-ils constitués ? Comment se forment-ils ? Comment évoluent-ils ? Comment apportent-ils la pluie, la grêle ou la neige ? Et pourquoi tantôt l'une tantôt l'autre ? Pourquoi la foudre ? Pourquoi les cyclones et les tornades ? Et bien d'autres questions…

Le livre de Jean-Pierre Chalon va effacer d'une lecture cette ignorance. Clair, précis, bien informé, bien écrit, facile à lire, il a en outre l'énorme avantage de faire constamment le lien entre ce que l'on voit et ce que l'on sait, entre observation et théorie, sans pour autant cacher les zones d'ignorance.

C'est tantôt le livre d'un naturaliste précis, qui décrit les nuages ou les cyclones avec la même minutie qu'un entomologiste décrit un insecte, tantôt le livre d'un physicien, qui explique avec une extraordinaire clarté comment un nuage peut porter en son sein plus d'énergie que n'en produit en un mois une centrale nucléaire et, à partir de là, pourquoi le nuage est un rouage si important dans l'immense machine qu'on appelle l'atmosphère et qui est responsable du climat et de ses fluctuations, de l'agriculture et de ses angoisses et, plus généralement, de la vie sur cette planète exceptionnelle qu'on appelle la Terre.

Il nous montre aussi que, dans le fameux débat climatique qui agite le monde, les nuages, leur abondance, leurs caractéristiques sont 40 fois plus importants que les variations récentes des gaz à effet de serre. De quoi faire réfléchir quelques-uns et remettre les choses à leur juste place. Avant de prédire le climat de demain, commençons par comprendre son facteur essentiel, à savoir le cycle de l'eau et la formation des nuages !

Au moment où les esprits les plus lucides commencent à prendre des positions sur les équilibres planétaires, le livre de Jean-Pierre Chalon fournit un élément essentiel du dossier, d'autant plus que demain des millions d'hommes souffriront plus du manque d'eau que des gaz à effet de serre.

Un grand sujet, un grand auteur, un grand livre.

Je suis sûr que beaucoup de lecteurs prendront le même plaisir que moi à le lire.

Claude Allègre,
professeur à l'Université Denis Diderot,
directeur du laboratoire Géochimie et Cosmochimie
de l'Institut de physique du Globe de Paris, Prix Crafoord 1986.

1

Le rôle des nuages

Loués par les peintres et les poètes pour leur aspect esthétique, légers et rassurants ou noirs et menaçants, les nuages font la pluie et le beau temps. On se souvient des épisodes violents et douloureux qui se sont produits à Nîmes en 1988, à Vaison-la-Romaine en 1992, dans l'Aude en 1999 ou dans la Somme en 2001, lorsqu'un excès d'eau venu du ciel a causé de nombreuses victimes et des dégâts considérables. Redoutés lorsqu'ils provoquent des inondations, des chutes de grêle, la foudre, des coups de vent ou des tornades, les nuages sont cependant, le plus souvent, souhaités et attendus : ils fournissent la pluie qui arrose les champs et combat la sécheresse ; ils apportent la neige qui recouvre les montagnes et les pistes de ski tout en accumulant des réserves d'eau récupérables pendant les périodes plus chaudes et plus sèches.

Parce qu'ils influent sur le climat de notre planète, sur notre environnement et sur nos activités humaines, les nuages ne nous laissent pas indifférents. Comment se forment-ils ? Pourquoi sont-ils parfois incapables de nous donner la moindre goutte de pluie ? Pourquoi renferment-ils parfois tant de violence ? Combien pèsent-ils ? Comment peuvent-ils tout à la fois flotter comme des plumes et fournir des trombes d'eau ou des milliers de tonnes de grêle ? D'où viennent ces quantités d'eau qui précipitent et arrosent nos cultures tout au long de l'année ?

Autant de questions auxquelles ce livre s'efforce de répondre. L'étude des nuages comporte des enjeux importants, en météorologie mais aussi en climatologie. En les connaissant mieux, on pourra prévoir comment ils réagiront au réchauffement de la planète prévu pour les années qui viennent. Seront-ils plus nombreux ou plus rares ? Plus fins ou plus épais ? Plus calmes ou plus violents ?

L'eau douce nécessaire à la vie

Levons les yeux et rendons hommage à l'atmosphère : non seulement elle nous permet de respirer, mais elle intervient de façon importante dans le cycle planétaire de l'eau. Elle contribue à la répartition spatiale des précipitations en favorisant le transport de l'eau depuis les sols ou les océans vers les strates moyennes et élevées de la troposphère (la première couche de l'atmosphère), des régions océaniques vers les régions continentales, puis de nouveau vers le sol. Elle joue aussi un rôle majeur dans la séparation de l'eau et du sel mélangés dans les mers et dans les océans. Ce faisant, par l'intermédiaire des nuages et des précipitations, l'atmosphère fournit l'eau douce indispensable à la vie de l'homme et à ses activités de base comme l'élevage et l'agriculture.

Au total, l'eau de notre planète occuperait, sous forme liquide, un volume d'environ 1,4 milliard de kilomètres cubes. Ce volume est à peu près constant depuis plusieurs millions d'années. Plus de 97 % de cette eau se trouve dans les océans et dans les lacs salés. Moins de 3 % se retrouve sous forme d'eau douce, dont la majeure partie est stockée dans les régions polaires ou dans les glaciers (plus de 75 %) et dans le sol profond (près de 25 %) où elle reste difficile d'accès.

Que reste-t-il ? L'eau douce des rivières, des lacs, des retenues d'eau artificielles et des nappes phréatiques peu profondes (eau douce facilement récupérable) ne représente que 130 000 kilomètres cubes, soit environ 0,33 % du total de l'eau douce. Sans la pluie, ces réservoirs s'assécheraient rapidement et ne pourraient plus répondre aux besoins. Quelles sont donc les quantités d'eau contenues dans l'atmosphère qui engendrent les pluies si souvent attendues ? Ces réserves sont-elles inépuisables ?

Ramenée sous forme liquide, l'eau atmosphérique ne représenterait pas plus de 12 000 kilomètres cubes, soit à peine un cent millième de l'eau totale de notre planète. Sa masse est 10 fois moins importante que celle de l'eau douce facilement récupérable, et la majeure partie se trouve au-dessus des océans et de régions difficiles d'accès. Cette quantité est faible par rapport à nos besoins, mais l'atmosphère n'est pas un lieu de stockage : c'est une usine, un lieu de traitement et de transport pour l'eau en transit entre le sol, les fleuves et les océans. Une molécule d'eau n'y séjourne en moyenne qu'une dizaine de jours (temps du cycle atmosphérique moyen de l'eau). Pendant ce temps, elle subit toutes les transformations associées, en passant par des phases d'évaporation, de transport, de condensation et de précipitation (*voir l'encadré intitulé « Le cycle de l'eau », à la fin de ce chapitre*). Les équilibres qui assurent le maintien du climat actuel de la planète sont fragiles. Dans certaines régions du globe, l'homme a provoqué une désertification en modifiant les écosystèmes. Il est du ressort des météorologistes et des climatologues de surveiller les évolutions de l'environnement qui pourraient perturber la bonne marche du cycle de l'eau. Nous examinerons dans les prochains chapitres les mécanismes atmosphériques qui y participent.

Un domaine de recherche foisonnant

Depuis 20 à 30 ans, des progrès importants ont été faits pour comprendre la structure fine des nuages et leurs comportements. On les doit à de nouveaux outils : des instruments de télédétection capables de mesurer des variations du contenu en eau ou de la force et de la direction du vent à l'intérieur des nuages ; des avions conçus pour faire des mesures au cœur même des orages les plus violents ; des modèles numériques capables de simuler l'évolution des nuages et des précipitations grâce aux équations de comportement de l'air atmosphérique et des changements de phase de l'eau. De grandes expériences scientifiques coordonnées ont fourni une bonne vue d'ensemble des multiples mécanismes mis en jeu.

Ces résultats ont eu des conséquences immédiates sur la surveillance et la prévision des phénomènes météorologiques dangereux. Aujourd'hui, les outils de prévision immédiate (radars, satellites, etc.) permettent d'observer, de suivre et de signaler des phénomènes violents comme les orages, les tempêtes ou les cyclones. Les modèles mathématiques utilisés pour la prévision du temps à plusieurs jours, tout comme ceux qui prédisent le climat, prennent en compte certains effets des nuages et des précipitations. Cependant, malgré ces progrès importants, prévoir la localisation ou l'intensité des précipitations et de phénomènes violents tels que les orages, les chutes de grêle, les tornades ou les pluies intenses reste difficile, car les mécanismes qui interviennent sont extrêmement complexes. Malgré les progrès réalisés depuis quelques décennies, la physique des nuages et des précipitations est un domaine encore mal maîtrisé où les sujets de recherche sont loin d'être épuisés.

Une température partout clémente

Non seulement les nuages fournissent les précipitations, mais ils contrôlent en partie les rayonnements reçus et émis par la planète, agissant ainsi sur son échauffement et sur la répartition de la chaleur reçue. En leur absence, la Terre serait une planète chaude, sèche et aride, parcourue par des tempêtes de sable et de poussière.

La planète est constamment en déséquilibre thermique, car le Soleil chauffe plus fortement l'équateur que les pôles. Les nuages réduisent ce déséquilibre grâce aux échanges de chaleur qui accompagnent les changements de phase de l'eau. En effet, près de la moitié de l'énergie transmise à la surface de la planète sous forme de rayonnement solaire sert à évaporer une partie de l'eau contenue dans les sols humides, les mers et les océans. Cette énergie est ensuite libérée dans l'atmosphère lorsque la vapeur d'eau condense pour former des nuages. Ce mécanisme est particulièrement actif entre les tropiques où se produisent d'importants mouvements de l'atmosphère, qui dispersent la chaleur et l'humidité vers les régions moins exposées au soleil. Ainsi, les régions intertropicales se refroidissent et les régions polaires et tempérées se réchauffent. C'est aussi par ce mécanisme que s'organisent les nuages et les précipitations qui affectent l'ensemble de la planète.

Les nuages influent également sur la quantité de chaleur reçue et émise par la Terre (*voir l'encadré intitulé « Le bilan radiatif de la Terre », à la fin de ce chapitre*). Leur effet est double : ils réfléchissent en moyenne près de 20 % du rayonnement solaire vers l'espace et l'empêchent d'atteindre la surface terrestre, mais ils participent aussi au réchauffement de la Terre en retenant une partie du rayonnement infrarouge terrestre qui ne peut plus s'échapper hors de l'atmosphère. Nous avons tous constaté qu'avec un ciel dégagé, pendant la journée, il fait plus chaud qu'en présence de nuages, ces derniers réduisant le rayonnement solaire qui parvient jusqu'à nous. Au contraire, les nuits de ciel calme et dégagé sont souvent bien plus froides que les nuits de ciel nuageux, car en l'absence de nuage, le rayonnement infrarouge (transmettant la chaleur) émis par la Terre s'échappe plus facilement vers l'espace. Tous les nuages ne jouent cependant pas un rôle similaire : certains fonctionnent surtout comme de forts réflecteurs du rayonnement solaire alors que d'autres ont une plus forte aptitude à retenir le rayonnement infrarouge terrestre. Au total, dans le climat actuel, la présence des nuages diminue d'environ 6 % l'énergie radiative de la planète et maintient une température clémente. Mais une modification de l'environnement pourrait changer ces données, car la quantité d'eau que peut contenir l'atmosphère dépend de sa température. Nous verrons cela en détail dans les chapitres suivants.

Et si le climat se réchauffe ?

Depuis plus de 10 ans, la communauté scientifique nous met en garde contre un réchauffement prévisible du climat consécutif à l'augmentation des gaz à effet de serre, en particulier du gaz carbonique (CO_2) : ces gaz retiennent une partie de l'énergie émise par la Terre et l'empêchent de s'échapper vers l'espace interstellaire. Comment réagira la couverture nuageuse à un tel réchauffement ? Si la température du globe augmente, les quantités de vapeur d'eau doivent augmenter, et, en principe, on s'attend à voir se développer plus de nuages. Mais quels types de nuages ? Atténueront-ils le réchauffement en réduisant davantage le rayonnement solaire incident ? Ou au contraire l'amplifieront-ils en augmentant encore l'effet de serre ?

La réponse à ces questions est cruciale. En effet, l'impact global des nuages sur le bilan radiatif de la planète est 40 fois supérieur à celui attribué aux variations des teneurs en gaz à effet de serre enregistrées au cours de ces dix dernières années. Une petite variation de la couverture nuageuse ou une modification de la nature des nuages peut donc fortement réduire ou amplifier ces risques.

Les climatologues utilisent des modèles mathématiques pour simuler le comportement couplé de l'atmosphère, de l'océan et de la végétation, et pour estimer l'évolution du climat. Ces modèles doivent représenter précisément l'effet des nuages sur les rayonnements solaire et terrestre, mais aussi les modifications de leurs caractéristiques (étendue spatiale et organisation des nuages, nombre et dimension des gouttelettes d'eau, forme, nombre et dimension des cristaux de glace, etc.) qui résulteraient d'un réchauffement de la planète. Ce genre d'études est d'autant plus important que la réaction des nuages aura des conséquences non seulement sur la température, mais surtout sur la pluviométrie et la sécheresse. Or, ces processus sont encore assez mal compris. C'est une des difficultés majeures et une des principales sources d'imprécision que rencontrent les tentatives de prévision des évolutions du climat. Des chercheurs du monde entier collaborent pour résoudre ce problème.

Pour comprendre les mécanismes qui gouvernent leur formation et celle des phénomènes associés, commençons notre promenade dans les nuages. Dans les chapitres suivants, nous examinerons d'abord divers aspects que prennent les nuages : formes, tailles, couleurs ou effets lumineux (chapitre 2). Nous proposerons ensuite une classification des nuages en fonction de leurs caractéristiques dans le chapitre 3. Celles-ci reflètent le comportement de l'élément principal des nuages : l'eau, sous toutes ses formes. Le chapitre 4 décrit la formation des gouttelettes et des cristaux de glace qui composent les nuages et les brouillards. La naissance et l'évolution des nuages sont retracées au chapitre 5. Le chapitre 6 traite de l'organisation des précipitations, alors que le chapitre 7 s'attache à décrire les phénomènes violents qui leur sont parfois associés : foudre, tornades, etc. Enfin, le chapitre 8 expose les moyens de mesure et de surveillance disponibles ainsi que les méthodes employées pour faire progresser notre connaissance et notre compréhension de ces phénomènes. Tout au long du livre, des encadrés proposent d'aller plus loin, sans être indispensables à la compréhension générale des phénomènes décrits.

Circulations d'eau et de chaleur

Le cycle de l'eau : les transferts et les réserves

Les réserves d'eau disponibles sur la planète sont d'à peu près 1,4 milliard de kilomètres cubes dans les océans, 40 millions de kilomètres cubes dans les glaces polaires, les nappes phréatiques, les sols, les lacs et les rivières, et seulement 12 000 kilomètres cubes dans l'atmosphère. Les échanges annuels entre les surfaces continentales, l'atmosphère et l'océan sont représentés de façon schématique sur la figure 1. Les unités représentent 1 000 kilomètres cubes d'eau (1 000 milliards de tonnes) et sont notées « Unités ». L'évaporation depuis les surfaces océaniques et les surfaces continentales vers l'atmosphère transfère chaque année 430 unités, soit 430 000 kilomètres cubes.

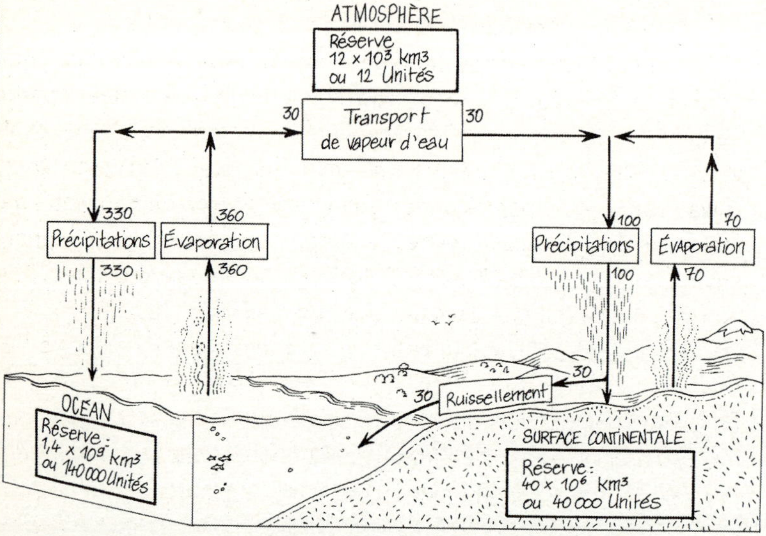

1. Réserves d'eau atmosphérique et transferts annuels moyens entre les surfaces continentales, l'atmosphère et l'océan. Les volumes indiqués sont ceux qu'occuperait l'eau atmosphérique si elle était entièrement condensée sous forme liquide. Les précipitations annuelles sont 36 fois plus importantes que la réserve d'eau atmosphérique. Les unités sont exprimées en milliers de kilomètres cubes, ce qui correspond aussi à des milliers de milliards de tonnes.

Cette évaporation est totalement compensée par les précipitations qui représentent un flux identique. Elles sont environ 36 fois plus importantes que les réserves en eau de l'atmosphère à un instant donné.

L'évaporation est globalement cinq fois plus importante au-dessus des océans qu'au-dessus des continents, les précipitations y sont trois fois plus importantes. Le bilan de ces transformations donne un gain d'évaporation (évaporation moins précipitations) de 30 unités au-dessus des océans. En revanche, au-dessus des continents, l'évaporation ne suffit pas à alimenter les précipitations dont une partie ruisselle sur les sols, dans les rivières et dans les nappes souterraines avant de rejoindre les mers ou les océans. C'est le vent qui permet de combler ce déficit en transportant une quantité moyenne annuelle de 30 unités de vapeur d'eau, des régions océaniques vers les régions continentales.

Le bilan radiatif de la Terre

La température du système Terre-atmosphère résulte d'un équilibre entre l'énergie qu'il reçoit et celle qu'il émet. La majeure partie de l'énergie reçue provient du Soleil qui nous transmet un flux énergétique d'environ 0,17 milliard de milliards ($0{,}17 \times 10^{18}$) de watts (1 watt vaut 1 joule par seconde), soit un flux moyen de 340 watts par mètre carré de surface terrestre. Sa température de surface atteignant environ 6 000 degrés Celsius (°C), le Soleil émet un rayonnement surtout composé de lumière visible, avec un maximum qui correspond à la couleur jaune (0,6 micromètre de longueur d'onde). Plus froides que le Soleil, la Terre et l'atmosphère émettent un rayonnement de plus grandes longueurs d'onde, concentré entre 4 et 80 micromètres, avec un maximum dans l'infrarouge thermique, vers 12 micromètres. Par chance, l'atmosphère est relativement transparente au rayonnement solaire mais absorbe fortement le rayonnement infrarouge émis par la surface de la Terre. Le flux moyen d'énergie solaire dirigé vers la Terre et qui arrive aux limites de l'atmosphère est de 340 watts par

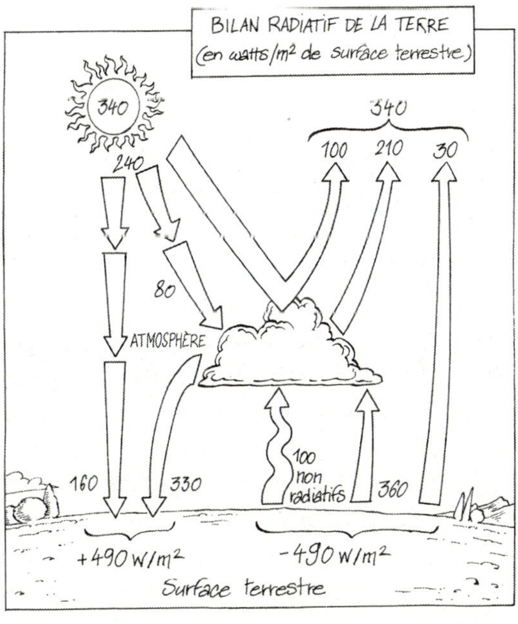

2. La Terre a une température moyenne de 15 °C parce qu'elle reçoit de l'énergie à la fois du Soleil et de l'atmosphère. En l'absence d'atmosphère, ce serait une planète glacée dont la température n'excèderait pas –18 °C.

mètre carré : une partie (80 watts par mètre carré) est absorbée par l'atmosphère, une autre (100 watts par mètre carré) est réfléchie vers l'espace, le reste (160 watts par mètre carré, soit près de 50 %) est absorbé par la surface terrestre.

La température de cette surface résulte d'un équilibre entre l'énergie qu'elle reçoit (490 watts par mètre carré) à la fois du Soleil (160 watts par mètre carré) et de l'atmosphère (330 watts par mètre carré) et l'énergie qu'elle renvoie (490 watts par mètre carré) vers l'atmosphère et l'espace interstellaire. Ces échanges d'énergie permettent de maintenir une température globale moyenne de 15 °C. Sur les 490 watts par mètre carré d'énergie renvoyés, une partie (100 watts non radiatifs) réchauffe l'atmosphère par conduction (10 à 15 watts par mètre carré) ou est utilisée pour évaporer de l'eau des océans, des lacs ou des sols humides (85 à 90 watts par mètre carré) ; le reste (390 watts par mètre carré) est absorbé par l'atmosphère (360 watts par mètre carré) ou rayonné directement vers l'espace (30 watts par mètre carré).

Les deux tiers de l'énergie que reçoit la surface terrestre lui sont transmis par l'atmosphère, nous voyons que cette dernière joue un rôle majeur sur le bilan radiatif de la Terre. En l'absence de nuages et de gaz dits à effet de serre comme la vapeur d'eau et le gaz carbonique, la Terre aurait une température moyenne de –18 °C et serait une planète gelée. Ce phénomène, qui réchauffe la Terre de près de 33 °C et lui permet d'avoir une température moyenne de 15 °C, est souvent nommé effet de serre. Cette appellation est impropre puisque, dans une serre, la température est maintenue élevée par suppression des échanges d'air entre l'intérieur et l'extérieur, ce qui n'est pas le cas de l'atmosphère réchauffée qui favorise les échanges par convection. La température de la Terre reste élevée parce qu'elle reçoit de l'énergie à la fois du Soleil et de l'atmosphère. Le rôle des nuages est important dans le maintien de l'équilibre thermique que nous venons de décrire, et une modification, même faible, de leurs caractéristiques (composition, altitude, épaisseur, couverture nuageuse, etc.) pourrait entraîner des conséquences dramatiques pour le climat.

2

L'allure d'un nuage

Ils font un art d'aller
Sur les chemins du vent.
Quand plonge la grenouille
Se dresse l'éléphant
Et les formes bredouillent
Dans un dessin d'enfant.

Nuages dans *Carnet de Veilhes* de Gaston Puel,
Éditions L'Arrière-Pays (Auch).

Lequel d'entre nous ne s'est pas attardé à regarder passer, comme Gaston Puel, les nuages qui prennent les apparences les plus variées, se forment et se déforment pour ressembler tour à tour à une grenouille, à un oiseau ou à un éléphant ?

La hauteur des nuages peut se limiter à quelques centaines de mètres ou dépasser une quinzaine de kilomètres. La largeur des nuages est encore plus variable : le petit cumulus de beau temps s'étend sur quelques centaines de mètres, tandis que le cumulonimbus générateur d'orages couvre une dizaine de kilomètres ; encore plus impressionnants, les lignes de grains, les cyclones tropicaux ou les systèmes frontaux qui arrosent nos régions en hiver occupent plusieurs centaines, voire quelques milliers de kilomètres.

Ce que nous racontent les nuages

Forme, dimensions, localisation et comportement des nuages reflètent l'état de l'atmosphère au-dessus de nos têtes. Ces caractéristiques résultent en effet des mouvements de l'air et de la transformation de la vapeur d'eau en gouttelettes liquides ou en cristaux de glace. Certains nuages sont pacifiques et annoncent le beau temps ; d'autres sont inquiétants et signalent la présence de phénomènes dangereux ou l'arrivée imminente du mauvais temps. Par exemple, les nuages en forme de vagues déferlantes (nuages en rouleaux) ou ceux qui s'effilochent en longs filaments blancs, en chevelure ou en traînées obliques (cirrus uncinus) nous indiquent la présence de vents forts en altitude. Lorsque ces filaments sont associés à une perturbation, ils précèdent souvent d'une dizaine d'heures le mauvais temps et les premières précipitations, et en sont le premier signe identifiable.

Les nuages en forme de lentilles (altocumulus lenticularis), immobiles dans le ciel, correspondent à une ondulation de l'air soulevé par une montagne ou une colline voisine. Ils sont associés à la présence d'une forte turbulence, laquelle s'étend parfois bien au-dessus des régions couvertes par les nuages. Ceux en forme de châteaux ou de remparts (altocumulus castellanus) sont le signe d'une forte instabilité de l'air, susceptible de faciliter le développement d'orages dans les heures à venir. Les grandes enclumes qui s'étalent au sommet du roi des nuages, le cumulonimbus, signalent une activité orageuse, souvent accompagnée d'averses, de vents forts, de coups de foudre, voire de grêle ou de tornades.

La contenance d'un nuage

À l'exception des voiles fins, les nuages sont opaques ; leurs bords étant souvent nets et bien marqués, ils paraissent avoir une bonne consistance. Lorsqu'on passe à proximité en avion, et quand ils sont directement éclairés par le Soleil, on a l'impression qu'on pourrait s'y accrocher, y glisser comme sur un champ de neige. En réalité, on les traverse facilement, car ils sont essentiellement composés d'air. Les gouttelettes et les cristaux, pourtant fort nombreux (plusieurs centaines de millions à plusieurs milliards dans chaque mètre cube de nuage), représentent au plus quelques millièmes de la masse d'air nuageux et occupent rarement plus d'un millionième de son volume : les 999 999 millionièmes restants sont occupés par de l'air sec et de la vapeur d'eau.

Les nuages sont constitués d'air sec, de vapeur d'eau et d'eau condensée sous forme de gouttes liquides ou de cristaux de glace. Leurs masses représentent la somme des masses de ces trois constituants. Les petits nuages bourgeonnants qui flottent dans le ciel les jours de beau temps paraissent légers comme des plumes. Il semble qu'on pourrait les porter d'une seule main. Pourtant, le moindre petit cumulus mesure près d'un kilomètre de côté et de haut, et pèse plus d'un million de tonnes. Il contient 10 000 tonnes d'eau sous forme de vapeur et plus de 500 tonnes sous forme de gouttelettes ou de cristaux de glace. Un gros cumulonimbus de 15 kilomètres de côté et de 10 kilomètres de haut pèse 1 000 fois plus, soit un milliard de tonnes ; il contient plusieurs millions de tonnes d'eau liquide et de glace. Il est aussi lourd qu'un milliard d'automobiles ou que trois millions d'Airbus A340, et contient autant d'eau que 10 000 camions citernes ou que plusieurs pétroliers géants. On peut se demander comment, avec une masse si importante, les nuages ne nous tombent pas sur la tête. Souvent, la raison évoquée est la présence de courants d'air ascendants qui soulèvent les gouttes et les cristaux ; mais ce n'est pas si simple. Nous y reviendrons au chapitre 5.

La couleur des nuages

Un enfant dessine volontiers un ciel bleu parsemé de nuages blancs. Quand le ciel est couvert, on le voit gris. Pourquoi ces couleurs ?

La lumière blanche du Soleil est un mélange de toutes les couleurs visibles par l'œil humain. Or, la multitude de molécules d'air rencontrées perturbe le trajet des rayons solaires et diffuse une grande partie du rayonnement, surtout de couleur bleue, dans toutes les directions ; ce rayonnement diffusé de toute part arrive jusqu'à nos yeux et nous fait paraître l'ensemble du ciel bleu. Il sera d'autant plus bleu que le trajet parcouru dans l'air sera important. Les autres rayonnements, moins diffusés, poursuivent leur chemin.

Ce mécanisme permet aussi d'expliquer les soleils rouges fréquemment observés tôt le matin ou tard le soir. À ces instants, la lumière qui nous parvient directement du Soleil traverse une couche d'atmosphère bien plus épaisse qu'en milieu de journée, lorsque l'astre est proche de la verticale ; le nombre de molécules participant à la diffusion du bleu est plus important, et le rayonnement, débarrassé d'une grande partie de sa composante bleue, devient rouge orangé *(voir la figure 3)*.

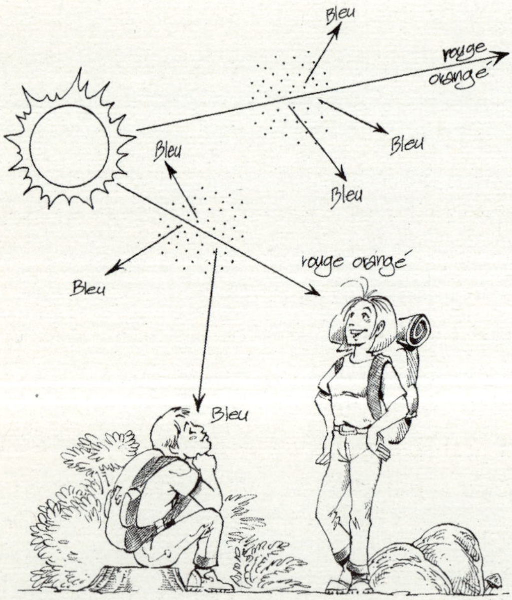

3. La couleur du ciel. La composante bleue de la lumière du Soleil est très diffusée par les molécules d'air et nous fait apparaître le ciel bleu, alors que les rayons provenant directement du Soleil, dépouillés d'une grande partie de cette composante, sont orangés.

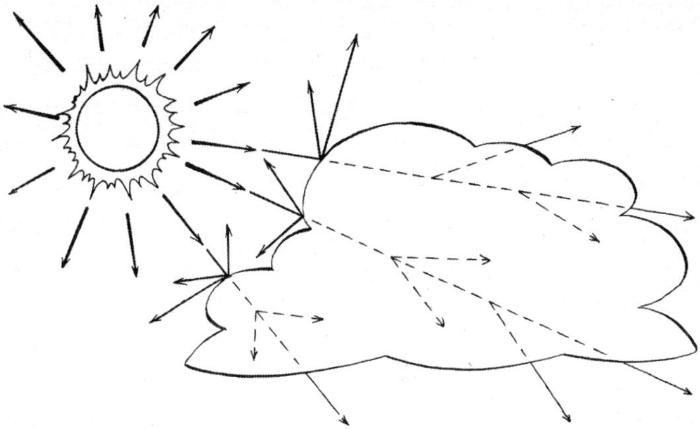

4. La couleur des nuages. Les rayons du Soleil sont diffusés par les gouttelettes d'eau et les cristaux de glace qui composent les nuages. Ainsi, le côté éclairé par le Soleil est blanc lumineux alors que le côté caché est sombre.

Et la couleur d'un nuage ? Elle dépend de sa composition (taille des gouttes et des cristaux de glace), de son épaisseur et de l'angle sous lequel il est éclairé par le Soleil. Bien qu'ils n'occupent qu'une faible partie du volume, gouttelettes et cristaux de glace diffusent la lumière solaire dans toutes les directions, et l'empêchent de traverser le nuage ; ils lui donnent un aspect opaque *(voir la figure 4)*. Ainsi, un nuage blanc est composé de gouttelettes ou de cristaux suffisamment petits pour diffuser toutes les longueurs d'onde (et donc toutes les couleurs) reçues du Soleil, de façon quasiment identique dans toutes les directions. Excepté pour les nuages minces, il est peu probable qu'un rayon lumineux traverse un nuage sans être dévié de sa trajectoire. Un gros nuage fait écran au rayonnement solaire, si bien que sa base apparaît noire et menaçante. L'effet est accentué lorsque de grosses gouttes sont présentes près de la base, car celles-ci absorbent mieux et diffusent moins bien la lumière que les petites gouttes. Si elles deviennent assez grosses pour tomber du nuage vers le sol, ces gouttes forment des traînées de précipitation sombres et inquiétantes.

Quand le Soleil est proche de l'horizon, les nuages élevés paraissent blanchâtres, alors que les nuages moyennement élevés sont orangés ou rouges, car ils rediffusent vers nous la lumière rouge du soleil rasant. Les nuages les plus bas, situés dans l'ombre de la Terre, sont gris. Ces différences de couleur fournissent une indication sur l'altitude relative des diverses couches nuageuses.

Irisations, halos, gloires et arcs-en-ciel

Les nuages et les précipitations donnent parfois naissance à des phénomènes lumineux spectaculaires tels que les irisations, les halos, les gloires ou les arcs-en-ciel. Ces phénomènes proviennent des perturbations apportées aux rayons lumineux par la présence de gouttes d'eau ou de cristaux de glace.

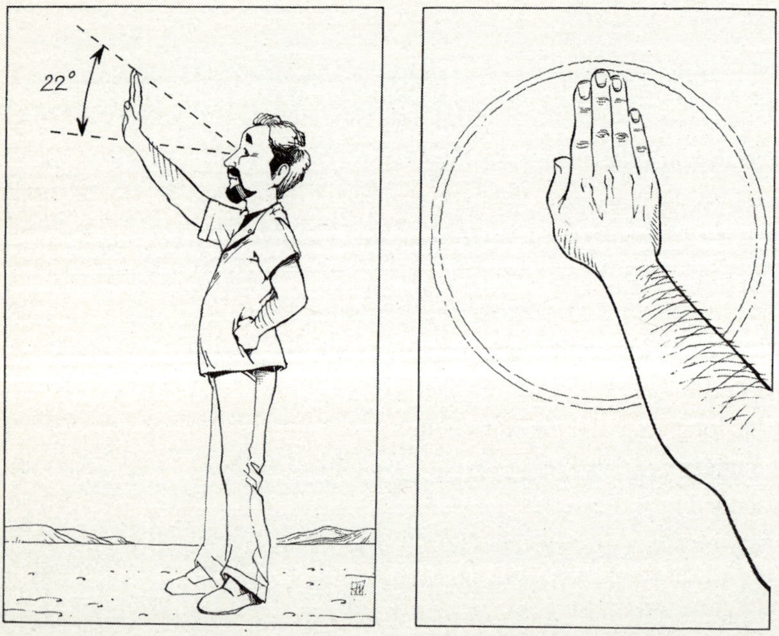

5. Une distance angulaire de 22 degrés correspond à l'angle sous lequel on voit sa main au bout du bras tendu.

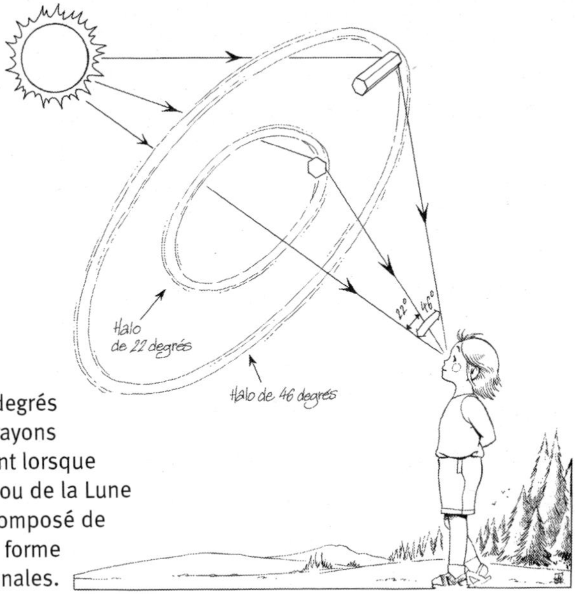

6. Des halos de 22 degrés et de 46 degrés de rayons angulaires se forment lorsque la lumière du Soleil ou de la Lune traverse un nuage composé de cristaux de glace en forme de colonnes hexagonales.

Les irisations sont des couleurs observées sur les nuages, tantôt entremêlées, tantôt en bandes parallèles aux contours des nuages. Les couleurs dominantes sont le vert et le rose nacrés, souvent avec des nuances pastel. Elles sont visibles jusqu'à des distances angulaires de 20 ou 30 degrés par rapport au Soleil, ce qui correspond à peu près à l'angle sous lequel nous voyons notre main placée perpendiculairement au bras tendu (*voir la figure* 5). Le principal processus de formation des irisations est la diffraction (ou déviation) des rayons du soleil rasant les bords des gouttelettes d'eau en suspension. Toutes les longueurs d'onde qui composent la lumière solaire ne sont pas déviées de la même façon et se séparent, faisant apparaître les couleurs de l'arc-en-ciel.

Le halo est un anneau de lumière entourant le Soleil ou la Lune. On l'observe lorsqu'une partie de la lumière envoyée par le Soleil ou la Lune est déviée (par réfraction) en pénétrant dans des cristaux de glace en forme de colonnes hexagonales (*voir la figure* 6). Le halo le plus fréquent a 22 degrés de rayon angulaire (petit halo).

Il est facile à identifier : quand on tend le bras et que l'on place la main perpendiculairement au bras de manière à cacher le Soleil ou la Lune, on voit le halo passer par l'extrémité des doigts. Le halo de 46 degrés de rayon (grand halo) est moins fréquent. Ces halos se forment car la lumière est déviée de 22 degrés lorsqu'elle traverse un cristal par deux de ses côtés rectangulaires et de 46 degrés lorsqu'elle le traverse par un côté rectangulaire et un côté hexagonal. Les halos sont blancs et brillants, ou parfois colorés avec une palette de couleurs allant du rouge côté intérieur au bleu vers l'extérieur. L'observation d'un halo signale la présence de cristaux de glace (nuages du type cirrus, brouillards glacés, etc.). On observe parfois des arcs lumineux tangents au sommet et à la base des halos.

En altitude, il arrive que l'on aperçoive une série d'anneaux colorés autour de son ombre portée sur un nuage ou sur du brouillard ou, plus rarement, sur de la rosée : c'est la gloire. Les observateurs aériens voient fréquemment une gloire autour de l'ombre portée de leur aéronef. Ce phénomène est dû à la présence de nombreuses petites gouttelettes d'eau qui renvoient une partie de la lumière (à la fois par réflexion et par réfraction).

L'arc-en-ciel est un des phénomènes lumineux naturels les plus spectaculaires. Sa palette de couleurs s'étend du violet côté intérieur au rouge vers l'extérieur. Un arc-en-ciel apparaît lorsque la pluie tombe d'un côté du ciel et que le Soleil (ou la Lune) brille de l'autre côté. Pour le voir, il faut regarder la pluie en face et tourner le dos au Soleil. Les gouttes de pluie agissent comme une multitude de petits miroirs réfléchissant et réfractant la lumière qu'elles reçoivent du Soleil, sous un angle compris entre 40 et 42 degrés. La position de l'arc-en-ciel est celle des gouttes qui renvoient les rayons venus du Soleil *(voir la figure 7)*. L'arc-en-ciel n'est pas un objet. Deux personnes, même proches l'une de l'autre, ne reçoivent pas la lumière des mêmes gouttes et chacune voit donc son propre arc-en-ciel. Lorsqu'on bouge, quelle déception ! Les rayons lumineux que l'on reçoit ne parviennent plus des mêmes gouttes, et l'arc-en-ciel

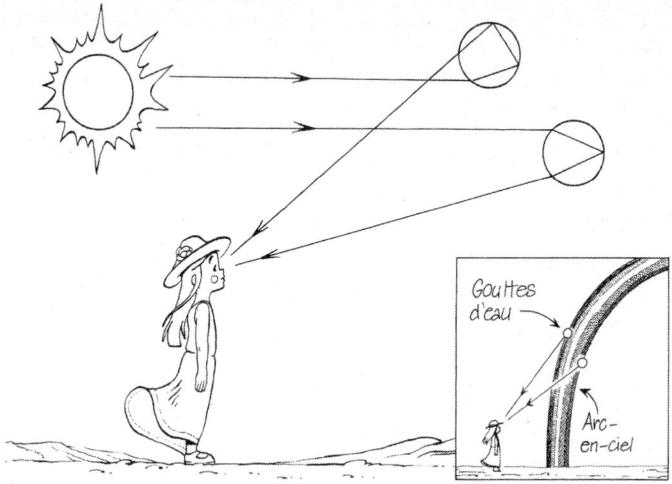

7. L'arc-en-ciel est produit par des gouttes de pluie qui nous renvoient la lumière du Soleil (ou celle de la Lune) situé dans notre dos.

semble se déplacer. Il est donc impossible de se rapprocher du pied d'un arc-en-ciel pour atteindre le légendaire trésor. On pourra toutefois se consoler par temps ensoleillé et créer ses propres arcs-en-ciel à l'aide de jets d'eau ou à proximité de chutes d'eau, à condition de tourner le dos au Soleil. On peut aussi remplacer le Soleil par un projecteur de lumière blanche.

Comment l'arc-en-ciel peut-il nous apparaître plein de couleurs, alors que les gouttes d'eau sont transparentes et que la lumière du Soleil est blanche ? Lorsque des rayons de la lumière solaire pénètrent dans une goutte, ils sont ralentis et déviés. Dans les gouttes, comme dans un prisme, tous les rayonnements (c'est-à-dire toutes les couleurs) de la lumière ne se propagent pas à la même vitesse et ne sont pas déviés de la même façon : le violet, le plus dévié (de 320 degrés) ressort en formant un angle de 40 degrés avec la direction du Soleil ; le rouge, le moins dévié (de 318 degrés) ressort en faisant un angle de 42 degrés avec la direction du Soleil. La lumière qui quitte les gouttes est ainsi dispersée en une palette de couleurs qui varie du rouge à l'extérieur au violet à l'intérieur.

On observe parfois un deuxième arc-en-ciel (dit arc-en-ciel secondaire) qui apparaît autour du premier, moins brillant, et dont les couleurs sont inversées. Cet arc-en-ciel est dû à une double réflexion de la lumière dans les gouttes. Comme chaque réflexion diffuse un peu plus le rayonnement, l'arc secondaire est moins lumineux et moins visible que l'arc-en-ciel principal. Entre les deux arcs, nous pouvons observer une zone sombre qui correspond aux angles sous lesquels aucun rayon n'est renvoyé vers nous par les gouttes de pluie.

Les nuages vus depuis les satellites

La télévision a rendu les images de la Terre vues depuis les satellites familières et, en particulier, celles de Météosat présentées lors des bulletins météo. Météosat est un satellite situé à 36000 kilomètres au-dessus de l'équateur. À cette distance, il tourne à la même vitesse que notre planète : ainsi, il reste au-dessus du même point et voit la Terre toujours de la même façon. Les images saisies depuis l'espace mettent en évidence des organisations nuageuses qui s'étendent parfois sur des milliers de kilomètres *(voir la figure 8)*. Certaines sont caractéristiques des dépressions, c'est-à-dire des zones de basse pression atmosphérique, et des perturbations qui les accompagnent. Les organisations nuageuses se déplacent avec les dépressions qui leur ont donné naissance. D'autres, formées au-dessus des montagnes, restent accrochés aux reliefs et paraissent immobiles.

Sur les photographies prises en lumière visible, les nuages apparaissent blancs, car leurs sommets réfléchissent la lumière solaire, tandis que les régions les plus sombres correspondent à du ciel clair. Les enroulements en forme de spirale sont caractéristiques des systèmes nuageux associés aux dépressions des latitudes tempérées et aux cyclones tropicaux. Une observation détaillée met en évidence des structures de plus petite échelle, telles que celles associées aux brises qui soufflent entre la terre et l'océan ou entre la montagne et la vallée.

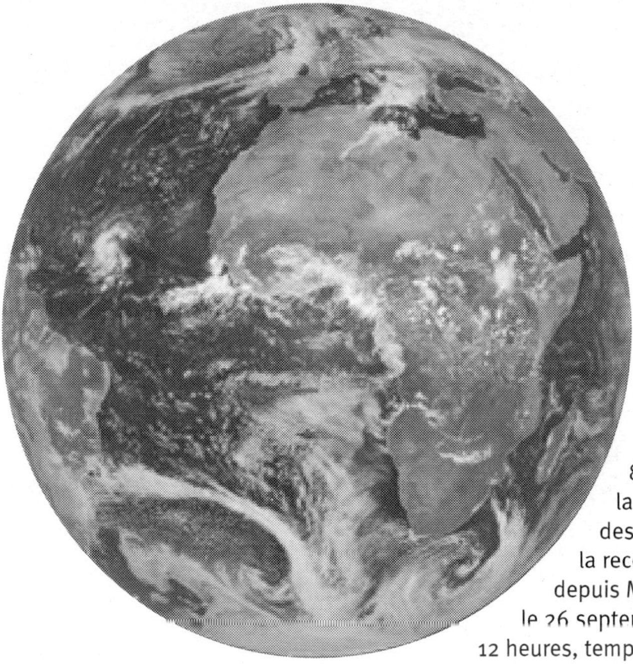

8. Image de la Terre et des nuages qui la recouvrent, vue depuis Météosat 05, le 26 septembre 1996 à 12 heures, temps universel.

À chaque instant, environ 63 % de la planète sont couverts de nuages. La fraction du ciel couvert est nommée la nébulosité. Moyennée sur la planète, la nébulosité varie peu d'un jour à l'autre et ses variations annuelles ne dépassent pas quelques pour cent. Toutefois, la couverture nuageuse est inégalement répartie sur l'ensemble du globe *(voir la figure 9)*. Les nuages sont bien plus nombreux au-dessus des océans (70 % de nébulosité) qu'au-dessus des continents (47 %), les contrastes les plus forts apparaissant sous les tropiques, entre les déserts continentaux et la partie est des océans. La nébulosité moyenne annuelle est de 72 % aux latitudes tempérées, alors qu'elle atteint tout juste 52 % près des pôles et 58 % entre les deux tropiques. Aux latitudes intertropicales, les régions équatoriales, très nuageuses, contrastent avec les régions subtropicales continentales, comme le Sahara ou le nord de l'Australie, dont le ciel reste le plus souvent dégagé.

9. Nébulosités moyennes de différentes régions du Globe, aux mois de janvier et de juillet, en pourcentage de ciel couvert vu depuis le sol.

D'une saison à l'autre, la nébulosité varie beaucoup localement : par exemple, au nord de l'Inde, la nébulosité moyenne mensuelle augmente de près de 60 % entre janvier et juillet, alors que celle du Brésil diminue d'environ 40 % dans la même période. Cependant, à l'échelle de la planète, les variations saisonnières ne dépassent pas 5 % : elles se compensent à la fois entre les basses et les moyennes latitudes et entre l'hémisphère sud et l'hémisphère nord.

Dans les régions équatoriales, la couverture nuageuse moyenne est plus forte l'été que l'hiver ; aux latitudes tempérées, c'est l'inverse. Pendant l'année, la nébulosité varie peu dans les régions maritimes mais de façon significative dans les régions continentales. De ce fait, l'amplitude saisonnière est plus importante dans l'hémisphère nord que dans l'hémisphère sud, où la surface des continents est moindre.

D'un jour à l'autre, la nébulosité est variable dans une région donnée. L'amplitude des variations diurnes est deux fois plus importante l'été que l'hiver au-dessus des continents tempérés. Au-dessus des océans, les variations les plus importantes sont observées aux basses latitudes. À l'échelle de la planète, la nébulosité moyenne est plus forte la nuit que le jour au-dessus des océans, alors que c'est l'inverse au-dessus des continents. Ces variations se compensent, ce qui explique la stabilité des moyennes planétaires observées sur une journée.

Avec ce que nous allons apprendre sur la formation des nuages, nous pourrons expliquer la plupart de leurs caractéristiques. Mais auparavant, tentons une classification des différents types de nuages.

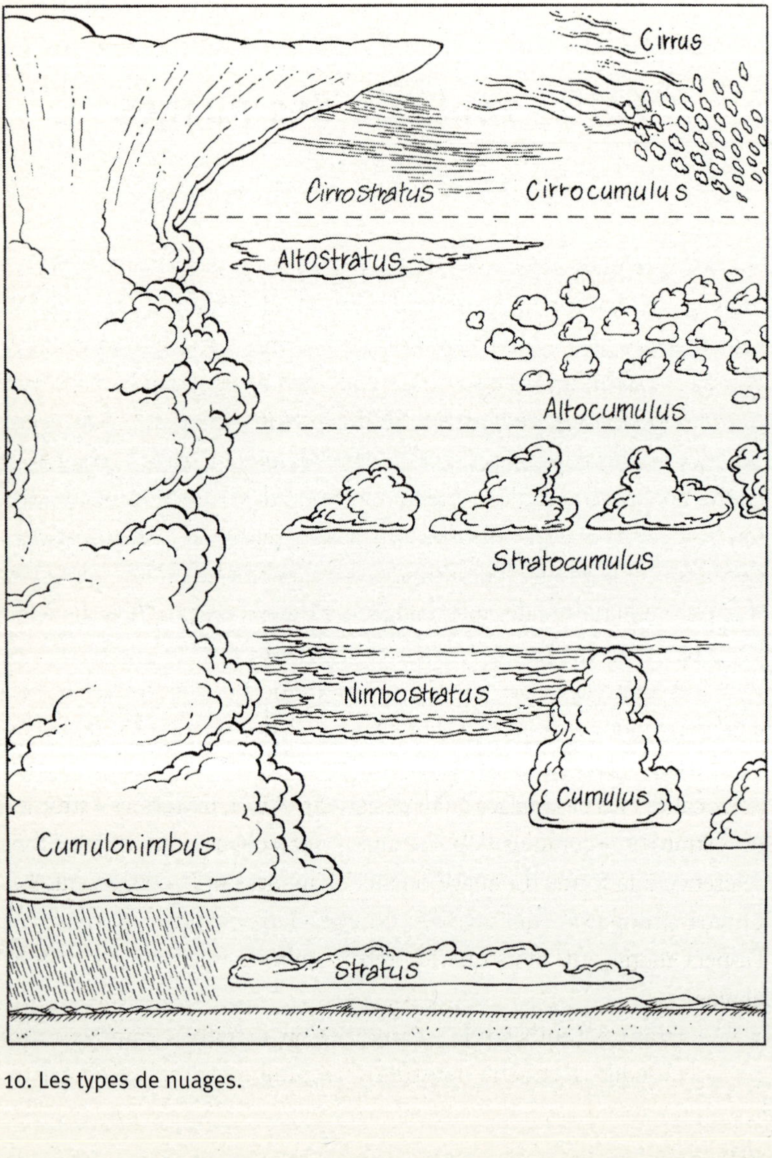

10. Les types de nuages.

3

Petite zoologie des nuages

À quelques rares exceptions près, les nuages se développent dans la plus basse couche de l'atmosphère, dénommée troposphère. Ainsi, à des altitudes d'environ 10 000 mètres, les avions long-courriers volent presque toujours au-dessus des couches nuageuses.

Les nuages ont des formes multiples, contiennent des gouttelettes liquides ou des particules de glace, sont d'humeur paisible ou menaçante, apportent des pluies bienfaisantes ou des averses violentes, des foudroiements et des coups de vents destructeurs. Ces caractéristiques dépendent à la fois de leur altitude, de la stabilité de leur environnement et de la nature des mécanismes qui les ont engendrées. Peut-on reconnaître les nuages et leurs effets à leur aspect ? Comment ?

Les météorologues ont identifié un nombre limité de formes caractéristiques en fonction de l'altitude et des conditions de formation. Ils ont alors composé des noms et préfixes évocateurs des principaux caractères des nuages qu'ils désignent. Ainsi, les termes « stratus » ou « strato- », « cumulus » ou « cumulo- » et « cirrus » ou « cirro- » font référence à la forme du nuage ou aux éléments qui le composent. Les termes « nimbus » (qui signifie « nuage ») ou « nimbo- » marquent l'aspect menaçant, alors que le préfixe « alto- » indique une altitude élevée.

« Stratus » (qui signifie « étendu ») ou « strato- » caractérise les nuages étendus en couche : les stratus, les nimbostratus, les altostratus, les cirrostratus ou les stratocumulus. « Cumulus » (qui signifie « amas ») ou « cumulo- » indique les nuages ou les éléments de nuages en forme de tas, de paquets, de choux-fleurs ou de balles de coton, généralement aussi épais que larges : les cumulus, les stratocumulus, les altocumulus, les cirrocumulus ou les cumulonimbus. Les nuages menaçants, qualifiés par « nimbus » ou « nimbo- », sont les nimbostratus ou les cumulonimbus. Gros générateurs de précipitations, ces nuages sont sombres et bas. Plus haut, entre 2 000 et 6 000 mètres d'altitude, on trouve l'altocumulus ou l'altostratus. Désignés par le préfixe « alto- » (qui vient du latin *altus*, « haut »), ces nuages sont toutefois moins élevés que les cirrus et autres nuages de cristaux de glace que l'on rencontre parfois vers 10 000 mètres. Le terme « cirrus » (qui signifie « filament ») ou « cirro- » qualifie ces nuages en forme de cheveux : cirrus, cirrostratus ou cirrocumulus, qui évoluent dans les régions les plus élevées et les plus froides de l'atmosphère, et doivent leur aspect fibreux à la présence de cristaux de glace.

À partir de ces définitions, l'Organisation Météorologique Mondiale (OMM) a publié un *Atlas international des nuages* et fondé la classification internationale des nuages selon 10 genres que nous décrivons plus loin : les cirrus, les cirrocumulus, les cirrostratus, les altocumulus, les altostratus, les nimbostratus, les stratocumulus, les stratus, les cumulus et les cumulonimbus *(voir la figure 10)*. Comme pour la classification animale ou végétale, les genres de nuages sont subdivisés en espèces. Ils peuvent aussi être affectés de caractéristiques définissant des variétés et des particularités supplémentaires *(voir l'encadré, « Petite classification », à la fin de ce chapitre)*.

Les espèces de nuages se rapportent à l'une ou à plusieurs des caractéristiques suivantes : la forme (nuages en bancs, en couches, en nappes, en voiles, etc.), la dimension (surface des éléments constitutifs, extension verticale, etc.), la structure interne (gouttelettes d'eau, cristaux de glace), les processus physiques, connus ou présumés, qui régissent leur formation (relief du sol, littoral, etc.). Les variétés précisent l'un ou l'autre des deux caractères visuels : la transparence (nuages laissant voir ou masquant le Soleil ou la Lune) et la disposition des éléments constitutifs (par exemple la structure des moutonnements). Enfin, les particularités supplémentaires désignent des formes ou appendices attenants à la partie principale d'un nuage, tels que des protubérances pendantes à l'aspect de mamelles, des traînées de précipitations ou des lambeaux de nuages bas. Un même nuage peut présenter simultanément une ou plusieurs variétés et particularités supplémentaires.

Nous pouvons maintenant visiter le monde des nuages et décrire en détail les caractéristiques des 10 genres cités, des nuages les plus hauts aux plus bas, pour finir par les nuages épais.

Parmi les nuages hauts, on trouve le cirrus, le cirrocumulus et le cirrostratus. Aux latitudes tempérées, ces nuages se situent généralement au-dessus de 6000 mètres. À ces altitudes, l'air est froid et sec, si bien qu'ils comportent de petits cristaux de glace, présentent une faible épaisseur et ont un aspect fibreux.

11. Cirrus

Cirrus

Le cirrus (en abrégé Ci) est un nuage blanc et délicat, en forme de filaments ou de bancs ou encore de bandes étroites. Il a un aspect fibreux, chevelu, et souvent un éclat soyeux. Les cirrus sont presque exclusivement constitués de cristaux de glace, en général petits et clairsemés, d'où leur transparence. Il arrive cependant que les cristaux de glace deviennent assez gros et lourds pour tomber du nuage, notamment dans le cas de certains cirrus denses et des cirrus en flocons. De grandes traînées se forment alors. Ces cristaux de glace fondent rarement et se transforment alors en petites gouttelettes d'eau, donnant aux traînées une teinte grisâtre et favorisant la formation d'un arc-en-ciel. Quand la vitesse et la direction du vent changent selon la verticale, ces traînées s'inclinent ou se courbent.

Lorsque des cirrus masquent le Soleil, des halos apparaissent. Toutefois, du fait de la faible largeur des cirrus, ces halos se referment rarement en anneau complet.

12. Cirrocumulus

Cirrocumulus

Cirrocumulus (Cc en abrégé) associe « cirro- » (nuages fibreux) et « cumulus » (amas, paquets, balles de coton). Sous forme de bancs, de nappes ou de couches minces de nuages blancs, sans ombres propres, le cirrocumulus est composé de petits éléments, souvent en forme de granules ou de rides disposés plus ou moins régulièrement. La plupart des éléments ont une faible dimension apparente (inférieure à un degré d'angle). On les voit moins gros que des ballons de football placés à 20 mètres ou que les moutons d'un troupeau qui paissent dans un champ situé 100 mètres plus loin. Ce nuage a un aspect pommelé ; on parle alors de ciel moutonné.

Les cirrocumulus sont constitués de cristaux de glace. Quand elles existent, les gouttelettes d'eau fortement surfondues (liquides à une température inférieure à 0 °C) sont fugaces et se transforment rapidement en cristaux de glace. Dans ces nuages, on observe parfois une couronne ou des irisations.

Cirrostratus

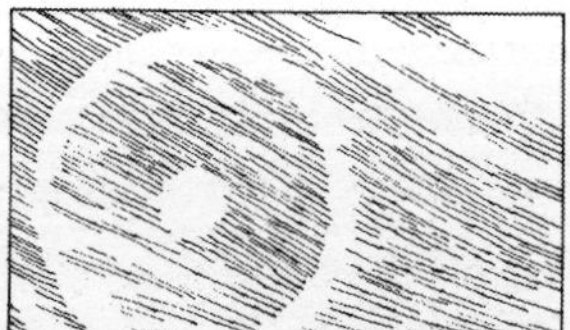

13. Cirrostratus

Dans cirrostratus (Cs), on reconnaît « cirro- » (nuages fibreux) et « stratus » (nuages étendus, en couches). Sous forme de voile nuageux, transparent et blanchâtre, d'aspect fibreux ou lisse, le cirrostratus couvre entièrement ou partiellement le ciel, et engendre souvent des phénomènes de halo. Ce nuage comporte des cristaux de glace. La petitesse de ces cristaux, leur grande dispersion et l'épaisseur modérée du cirrostratus expliquent la transparence de ce nuage, au travers duquel on voit nettement le contour du Soleil.

Comme dans le cas des cirrus, lorsque des cristaux de glace sont assez gros pour acquérir une vitesse de chute appréciable, on observe des traînées en forme de filaments, qui confèrent à ces nuages un aspect fibreux.

Dans les cirrostratus minces, on observe fréquemment des phénomènes de halo. Parfois, le voile de cirrostratus est si ténu que le halo constitue le seul indice de sa présence.

À plus basse altitude, entre 2 000 et 6 000 mètres, se situent les nuages moyens, altocumulus et altostratus. Ceux-ci sont composés de gouttelettes d'eau liquide et, lorsque la température est suffisamment basse, de cristaux de glace.

Altocumulus

14. Altocumulus

Le mot altocumulus (Ac) vient de « alto- » (nuage de la moyenne troposphère) et de « cumulus » (amas, paquets, balles de coton). Comme le cirrocumulus, ce nuage a un aspect pommelé. Sous forme de bancs, de nappes ou de couches de nuages blancs ou gris, composés de lamelles, de galets ou de rouleaux, l'altocumulus a généralement des ombres propres et un aspect fibreux ou diffus. La plupart de ses petits éléments sont disposés régulièrement et ont une dimension apparente (comprise entre un et cinq degrés) plus importante que celle des éléments des cirro-cumulus, ce qui permet de les distinguer de ces derniers.

Les altocumulus sont constitués en majeure partie de gouttelettes d'eau. C'est pourquoi ils sont opaques et possèdent des contours nets. Néanmoins, lorsque la température est très basse, des cristaux de glace se forment ; si, en plus, les gouttelettes s'évaporent, le nuage devient glacé dans sa totalité et perd la netteté de ses contours.

Dans les parties minces des altocumulus, on observe fréquemment une couronne ou des irisations. Les altocumulus engendrent parfois des parhélies ou faux soleils : par le même phénomène de réfraction qui produit le halo, une image du Soleil se forme. Les altocumulus donnent aussi naissance à des colonnes lumineuses qui indiquent la présence de cristaux de glace en forme de plaquettes.

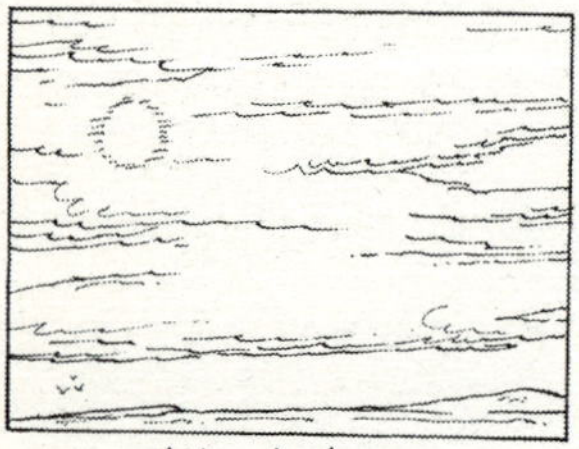

15. *Altostratus*

Altostratus

Vous savez désormais décomposer le nom d'un nuage. Ainsi, l'altostratus (ou As) est un « alto- » (nuage moyennement élevé) et un « stratus » (nuage étendu, en couches). En nappe ou en couche nuageuse grisâtre ou bleuâtre, l'altostratus s'étend sur plusieurs dizaines ou plusieurs centaines de kilomètres. Il présente des parties plus minces, à travers lesquelles le Soleil se montre comme au travers d'un verre dépoli. Ce nuage comporte des gouttelettes d'eau et des cristaux de glace.

Dans la région inférieure de l'altostratus, les particules constitutives du nuage sont si nombreuses que le contour du Soleil ou de la Lune apparaît toujours estompé, et que l'observateur au sol ne voit jamais de phénomène de halo. Bien souvent, les parties les plus épaisses du nuage cachent la position de l'astre éclairant.

Des gouttes de pluie ou des flocons de neige existent souvent au sein de l'altostratus et au-dessous de sa base. Les précipitations atteignent le sol sous forme de pluie, de chute de neige ou de chutes de granules de glace, généralement continues.

Plus bas encore, on reconnaît le nimbostratus, le stratocumulus et le stratus, dont la base se situe à moins de 2 000 mètres. Ces nuages bas sont composés de gouttelettes d'eau liquide. Lorsque la température est suffisamment basse, ils peuvent contenir des cristaux de glace et des flocons de neige.

16. *Nimbostratus*

Nimbostratus

Un nimbostratus (Ns) est un « nimbo- » (nuage sombre et menaçant) et un « stratus » (nuage étendu, en couches). Sous la forme d'une couche nuageuse grise, souvent sombre, brouillée par des chutes de pluie ou de neige, le nimbostratus recouvre généralement une vaste région et présente une grande extension verticale. Il contient des gouttelettes d'eau, parfois surfondue, et des gouttes de pluie, ou des cristaux de glace et des flocons de neige, ou encore un mélange de ces particules liquides et solides. Ce nuage très épais, fortement concentré en particules, masque la lumière provenant directement du Soleil. Le nimbostratus engendre de la pluie, de la neige ou des granules de glace qui n'atteignent pas nécessairement le sol.

Au-dessous de la couche de nimbostratus, il existe fréquemment des nuages bas déchiquetés, soudés ou non avec elle.

Stratocumulus

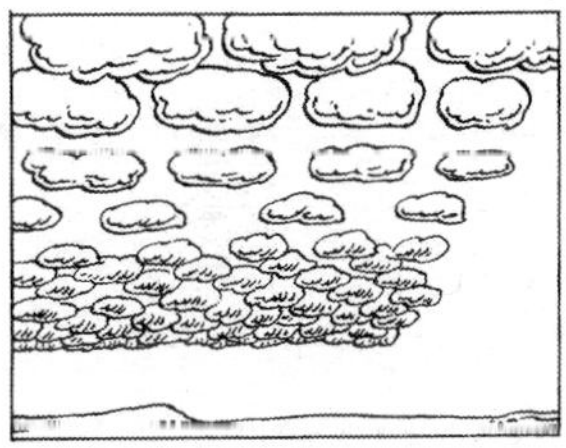
17. *Stratocumulus*

Stratocumulus (noté Sc) signifie « strato- » (nuages étendus, en couches) et « cumulus » (amas, paquets, balles de coton). Il est composé de dalles, de galets ou de rouleaux d'aspect non fibreux, ayant presque toujours des parties sombres. La plupart des petits éléments disposés régulièrement ont une largeur apparente (supérieure à cinq degrés d'angle) plus importante que celle des éléments constituant les cirrocumulus et les altocumulus.

Le stratocumulus comporte des gouttelettes d'eau, accompagnées parfois de gouttes de pluie ou de particules de glace blanche et opaque (neige roulée, neige en grains) ou, plus rarement, flocons de neige. S'il existe des cristaux de glace, ils sont généralement trop clairsemés pour donner un aspect fibreux. Par temps froid, il arrive que les stratocumulus engendrent d'abondantes traînées de précipitation de cristaux de glace, éventuellement accompagnées d'un halo. Lorsque le stratocumulus n'est pas très épais, on observe parfois une couronne ou des irisations.

18. Stratus

Stratus

Le stratus (St) est une couche nuageuse, souvent grise. Sa base uniforme est généralement constituée de petites gouttelettes d'eau. Il engendre de la bruine, de la neige ou de la neige en grains. Lorsque le Soleil est visible au travers de la couche, son contour est nettement discernable.

Le stratus mince produit une couronne de lumière autour du Soleil et de la Lune. Aux très basses températures, il comporte de petites particules de glace et peut donner lieu à des phénomènes de halo. Parfois, il se présente sous forme de bancs déchiquetés. Observé dans une direction éloignée de celle du Soleil, un stratus mince prend une teinte grisâtre brumeuse, semblable à celle d'un brouillard. Un stratus dense ou épais renferme souvent des gouttelettes de bruine et, parfois, de la neige ou de la neige en grains. Il revêt alors un aspect sombre, voire menaçant.

Tous les nuages que nous venons de considérer sont peu épais par rapport à leur étalement horizontal. Au contraire, le cumulus et le cumulonimbus sont au moins aussi épais que larges. Les vitesses verticales de l'air y sont plus fortes et, dans les cas extrêmes, atteignent 100 à 150 kilomètres par heure. On parle dans ce cas de nuages de convection.

Cumulus

Dense et à contour bien délimité, le cumulus (Cu) se développe verticalement en forme de mamelon, de dôme ou de tour, dont la

19. *Cumulus*

région supérieure bourgeonnante ressemble à un chou-fleur. Le cumulus est parfois déchiqueté. Les parties éclairées par le Soleil sont d'un blanc éclatant alors que sa base est sombre et horizontale.

Le cumulus comporte principalement des gouttelettes d'eau. Lorsqu'il est très épais, il peut engendrer des précipitations sous forme d'averses de pluie.

Dans les parties des cumulus où la température est nettement inférieure à 0 °C, des cristaux de glace se forment et se développent aux dépens des gouttelettes d'eau surfondue, qui s'évaporent.

Les cumulus peu développés sont dénommés cumulus humilis et, parfois, cumulus de beau temps. Ils sont peu épais. On risque de les confondre avec des stratocumulus, mais la séparation par le ciel bleu est bien plus nette entre deux cumulus qu'entre deux stratocumulus et leur sommet est moins plat. Plus gros, le cumulus devient mediocris, puis congestus lorsqu'il a acquis une forme de tour bien marquée. Il peut alors engendrer des averses.

Cumulonimbus

20. *Cumulonimbus*

Pour finir, voici le roi des nuages : le cumulonimbus (Cb). Ce terme associe « cumulo- » (amas, paquets, balles de coton) et « nimbo- » (nuage sombre et menaçant). Nuage dense et puissant, en forme de montagne ou d'énorme tour, le cumulonimbus a une épaisseur considérable, parfois supérieure à 15 kilomètres entre les tropiques. Une partie de sa région supérieure est lisse, fibreuse ou striée, et aplatie. Cette partie s'étale souvent en forme d'enclume ou de vaste panache. Au-dessous de la base très sombre coexistent des nuages bas, déchiquetés, soudés ou non avec elle, et des précipitations, parfois sous forme de traînées.

Le cumulonimbus est constitué de gouttelettes d'eau et, notamment dans sa région supérieure, de cristaux de glace. Il contient également de grosses gouttes de pluie et, souvent, des flocons de neige, de la neige roulée, du grésil ou des grêlons. Les gouttelettes d'eau et les gouttes de pluie peuvent être surfondues.

Le cumulonimbus est une véritable « fabrique de nuages ». En effet, l'étalement de sa région supérieure et la dissipation de ses parties sous-jacentes peuvent donner naissance à des nappes ou à des bancs de cirrus (cirrus spissatus), d'altocumulus, d'altostratus ou de stratocumulus. L'étalement de la région la plus élevée d'un cumulonimbus aboutit habituellement à la formation d'une enclume. Lorsque le vent croît fortement avec l'altitude, le sommet du nuage ne s'étale que dans le sens du vent, et prend ainsi la forme d'une demi-enclume ou d'un vaste panache.

Les cumulonimbus sont rares dans les régions polaires, mais plus fréquents dans les régions tempérées et tropicales.

La transformation d'un gros cumulus (cumulus congestus) en cumulonimbus est due à l'apparition de particules de glace dans sa région supérieure. De ce fait, celle-ci perd la netteté de ses contours et acquiert une texture fibreuse ou striée. Le cumulonimbus est généralement accompagné d'éclairs, de tonnerre et d'averses de pluie ou de grêle. Il peut aussi souffler des coups de vent violents, voire des tornades.

Nuages spéciaux

Vous avez certainement remarqué que je n'ai pas encore évoqué quelques nuages que vous connaissez bien. Ainsi, près des reliefs, on observe régulièrement des nuages aux formes particulières : lentilles, amandes, soucoupes volantes, os de seiche… Ces nuages, dits orographiques (de « oros », montagne, et « graphein », écrire, en grec) naissent lorsqu'un flux d'air s'élève sur les pentes d'une colline, d'une montagne isolée ou d'une chaîne de montagnes. Ils se présentent en plusieurs couches superposées. Autour d'une montagne isolée, ils forment une collerette ou un capuchon coiffant le sommet. Les collines allongées ou les barrières montagneuses favorisent la formation de nuages bien étalés, prenant parfois l'aspect d'une vaste muraille. Elles peuvent aussi déclencher la formation d'ondes stationnaires qui, dans un air suffisamment humide, se matérialisent en bandes de nuages, parallèles et régulièrement espacées.

Des nuages en forme de bonnet ou de capuchon se forment lorsque de l'air chaud et humide est soulevé au-dessus d'un cumulus congestus ou d'un cumulonimbus : on les appelle alors des pileus.

Voyons d'autres nuages spéciaux. En levant les yeux vers les avions, on remarque que leur passage est souvent accompagné de grandes traînées blanches qui ont l'aspect de raies d'un blanc éclatant, puis présentent des boursouflures pendantes en forme de champignons inversés ou de colonnes vertébrales (vertebratus). Lorsque ces traînées persistent, elles s'élargissent progressivement et se transforment en bancs de nuages à l'aspect de cirrus, de cirrocumulus ou de cirrostratus. Ces nuages ou traînées de condensation résultent du refroidissement des gaz d'échappement des réacteurs qui, par suite de la combustion du carburant, ont une forte teneur en vapeur d'eau et en poussières facilitant le changement d'état des molécules d'eau (que nous verrons au chapitre suivant).

Les nuages nacrés sont assez rares et sont surtout visibles dans les régions polaires. Situés entre 20 et 30 kilomètres d'altitude, ils ressemblent à des cirrus ou à des altocumulus en forme de lentilles et présentent de belles irisations, analogues à celles de la nacre. Les couleurs de ces irisations atteignent un éclat maximum juste après le coucher du Soleil.

Dans les régions polaires, lorsque la nuit est déjà tombée sur le sol et que seuls ces nuages nocturnes sont encore illuminés, ils ressemblent à des cirrus fins. Ils présentent une teinte bleuâtre ou argentée, parfois orangée ou rouge. Rarement observés, ces nuages sont encore mal connus. Ils se situeraient à des altitudes comprises entre 75 et 90 kilomètres et seraient composés de poussières cosmiques très fines et de petites particules de glace.

Sous forme de fumées aux volutes denses, sombres et bourgeonnantes, les nuages d'incendie sont associés aux produits de combustion provenant des grands incendies (forêts, puits de pétrole, etc.). Ils ressemblent à des nuages de convection fortement développés, mais s'en distinguent par la rapidité de leur développement et par leur couleur sombre. Lorsqu'ils sont entraînés par le vent à de grandes distances de leur lieu d'émission, ils prennent l'aspect de voiles stratifiés qui communiquent parfois une couleur bleue au Soleil ou à la Lune.

Au-dessus des volcans, enfin, les nuages d'éruption volcanique ressemblent à de gros cumulus, avec des protubérances qui croissent rapidement. À haute altitude, ces nuages peuvent s'étaler et recouvrir de vastes régions ; dans ce cas, le ciel prend une teinte particulière, durant parfois plusieurs semaines. Ces nuages sont constitués, en majeure partie, de particules solides comme les poussières et divers produits de combustion.

Petite classification

Les espèces de nuages

Fibratus (fib) : nuages séparés ou voile nuageux mince, composés de filaments rectilignes ou légèrement incurvés et qui ne sont pas terminés par des crochets ni par des flocons. Ce terme s'applique principalement aux cirrus et aux cirrostratus.

Uncinus (unc) : cirrus en forme de virgule, terminé vers le haut par un crochet ou par un flocon dont la partie supérieure n'est pas en forme de protubérance arrondie.

Spissatus (spi) : cirrus dont l'épaisseur optique est suffisante pour qu'il paraisse grisâtre lorsqu'il se trouve en direction du Soleil.

Castellanus (cas) : nuage présentant, dans sa région supérieure, des protubérances en forme de petites tours, ce qui lui donne un aspect crénelé comme les remparts d'un château fort. Ces petites tours, souvent plus hautes que larges, reposent sur une base commune et paraissent disposées en lignes. Le caractère castellanus est particulièrement apparent lorsque les nuages sont observés de profil. Ce terme s'applique aux cirrus, aux cirrocumulus, aux altocumulus et aux stratocumulus.

Floccus (flo) : nuage dont chaque élément est constitué d'un petit flocon en forme de cumulus, dont la partie inférieure, déchiquetée, est souvent accompagnée de traînées de précipitations. Ce terme s'applique aux cirrus, aux cirrocumulus, aux altocumulus et aux stratocumulus.

Stratiformis (str) : nuage étalé en couche, ou en nappe horizontale de grande étendue. Ce terme s'applique aux altocumulus, aux stratocumulus et, plus rarement, aux cirrocumulus.

Nebulosus (neb) : nuage ayant l'aspect d'une couche ou d'un voile nébuleux, ne présentant pas de détails apparents. Ce terme s'applique principalement aux cirrostratus et aux stratus.

Lenticularis (len) : nuage en forme de lentilles ou d'amandes, souvent très allongé et dont les contours sont bien délimités. Il présente parfois des irisations. Ces nuages apparaissent à la montagne, mais aussi au-dessus de régions sans relief marqué. Ce terme s'applique principalement aux cirrocumulus, aux altocumulus et aux stratocumulus.

Fractus (fra) : nuage en forme de lambeaux irréguliers, à l'aspect nettement déchiqueté. Ce terme s'applique seulement aux stratus et aux cumulus.

Humilis (hum) : cumulus aplati n'ayant qu'une faible extension verticale.

Mediocris (med) : cumulus à extension verticale modérée et dont les sommets présentent des protubérances peu développées.

Congestus (con) : cumulus qui présente des protubérances fortement développées et dont l'extension verticale est importante. Sa région supérieure bourgeonnante a fréquemment l'aspect d'un chou-fleur.

Calvus (cal) : cumulonimbus dont quelques protubérances ont commencé à perdre leurs contours bourgeonnants, mais sans acquérir pour autant une forme de cirrus. Les protubérances et les bourgeonnements ont tendance à former une masse blanchâtre, avec des stries verticales.

Capillatus (cap) : cumulonimbus caractérisé par la présence, principalement dans sa région supérieure, de parties de type cirrus, à structure fibreuse ou striée, ayant la forme d'une enclume, d'un panache ou d'une vaste chevelure désordonnée. Ce type de nuage donne généralement lieu à des averses ou à des orages, accompagnés de grains et parfois de grêle. Il engendre fréquemment des traînées de précipitations.

Les variétés de nuages

Intortus (in) : cirrus dont les filaments sont incurvés irrégulièrement et paraissent enchevêtrés de façon capricieuse.

Vertebratus (ve) : nuage dont les éléments sont disposés à la manière de vertèbres, de côtes ou d'un squelette de poisson. Ce terme s'applique surtout aux cirrus.

Undulatus (un) : nuage en bancs, nappes ou couches présentant des ondulations. Ces ondulations naissent soit dans une couche nuageuse uniforme soit dans des nuages composés d'éléments, soudés ou non. Parfois, un double système d'ondulations est apparent. Ce terme s'applique principalement aux cirrocumulus, aux cirrostratus, aux altocumulus, aux altostratus, aux stratocumulus et aux stratus.

Radiatus (ra) : nuage présentant de larges bandes parallèles ou disposés en bandes parallèles qui, par un effet de perspective, paraissent converger vers un point de l'horizon ou, lorsque les bandes traversent entièrement le ciel, vers deux points opposés de l'horizon, appelé(s) « point(s) de radiation ». Ce terme qualifie les cirrus, les altocumulus, les altostratus, les stratocumulus et les cumulus. Dans ce cas, on parle aussi de rues de nuages.

Lacunosus (la) : nuage en bancs, nappes ou couches, assez minces, caractérisés par la présence de trous limpides et arrondis, répartis régulièrement et dont beaucoup ont des bords effilochés. Les éléments nuageux et les trous limpides sont souvent disposés de telle manière que leur aspect suggère celui d'un filet ou d'un gâteau de miel. Ce terme s'applique principalement aux cirrocumulus, aux altocumulus et, rarement, aux stratocumulus.

Duplicatus (du) : nuage en bancs, nappes ou couches superposés, faiblement séparés, voire partiellement soudés. Ce terme désigne surtout les cirrus, les cirrostratus, les altocumulus et les stratocumulus.

Translucidus (tr) : nuage en bancs étendus, nappes ou couches, dont la majeure partie est assez translucide pour laisser apparaître la position du Soleil ou de la Lune. Ce terme s'applique aux altocumulus, aux altostratus, aux stratocumulus et aux stratus.

Perlucidus (pe) : nuage en bancs étendus, nappes ou couches, présentant des interstices bien marqués, mais parfois minuscules, entre leurs éléments. Ces interstices permettent d'apercevoir le Soleil, la Lune, le bleu du ciel ou des nuages situés au-dessus. Ce terme s'applique aux altocumulus et aux stratocumulus.

Opacus (op) : nuage en bancs étendus, nappes ou couches, dont la majeure partie est suffisamment opaque pour masquer complètement le Soleil ou la Lune. Ce terme s'applique aux altocumulus, aux altostratus, aux stratocumulus et aux stratus. Cette variété s'oppose à translucidus.

Les particularités supplémentaires

Incus (inc) : région supérieure d'un cumulonimbus, étalée en forme d'enclume, d'aspect lisse, fibreux ou strié.

Mamma (mam) : protubérance pendante à la surface inférieure d'un nuage et ayant l'aspect de mamelles. Elle résulte de l'évaporation rapide des précipitations dans un air très sec. Cette particularité supplémentaire se présente, le plus souvent, avec les cirrus, les cirrocumulus, les altocumulus, les altostratus, les stratocumulus et les cumulonimbus.

Virga (vir) : traînée de précipitations verticales ou obliques, attenantes à la surface inférieure d'un nuage et n'atteignant pas le sol. Cette particularité supplémentaire se présente, le plus souvent, avec les cirrocumulus, les altocumulus, les altostratus, les nimbostratus, les stratocumulus, les cumulus et les cumulonimbus.

Praecipitatio (pra) : précipitation (pluie, bruine, neige, granules de glace, grésil, grêle, etc.) tombant d'un nuage et atteignant le sol (à la différence de la virga). Cette particularité supplémentaire se présente, le plus souvent, avec les altostratus, les nimbostratus, les stratocumulus, les stratus, les cumulus et les cumulonimbus.

Arcus (arc) : rouleau horizontal, dense, aux bords effilochés, situé à l'avant de la partie inférieure de certains nuages et prenant, lorsqu'il est étendu, l'aspect d'un arc sombre et menaçant. On rencontre cette particularité chez les cumulonimbus et, plus rarement, chez les cumulus.

Tuba (tub) : colonne nuageuse ou cône nuageux renversé en forme d'entonnoir, sortant de la base d'un nuage. Elle constitue la manifestation nuageuse d'un tourbillon de vent plus ou moins intense. Cette particularité caractérise les cumulonimbus et, plus rarement, les cumulus.

4

Gouttelettes et cristaux

Les effets de lumière que nous avons considérés au chapitre 2 sont dus à la présence d'eau dans les nuages sous ses trois états possibles : gazeux, liquide et solide. La vapeur d'eau est un gaz invisible. L'eau liquide se présente sous forme de petites gouttes, et l'eau solide sous forme de petits cristaux de glace ou de particules de givre. Gouttes et cristaux sont visibles parce qu'ils diffusent la lumière. Ils composent les nuages, les brouillards et les précipitations.

Comment se forment les gouttelettes d'eau et les cristaux de glace ? Comment se produit la transformation entre les différents états de l'eau (vapeur, liquide ou glace) ? Quelle forme ont les gouttelettes d'eau et les cristaux de glace ? Qu'est-ce qui favorise un état de la matière plutôt que les deux autres ? Quel est le rôle des poussières présentes dans l'atmosphère ? Quelles quantités d'énergie sont échangées ? Comment expliquer la présence de gouttelettes d'eau liquide à des températures aussi basses que –20 ou –30 °C, où l'on s'attend à observer de la glace ? Il est temps d'aborder ces questions cruciales pour la compréhension du climat.

L'eau dans tous ses états

Les molécules d'eau sont composées d'un atome d'oxygène et de deux atomes d'hydrogène maintenus par des forces d'attraction électrique. Leurs tailles ne dépassent pas quelques dixièmes de nanomètre (un nanomètre vaut 0,000 001 millimètre) ; elles sont 10 millions de fois plus petites qu'une goutte de pluie.

Les molécules qui composent la glace, l'eau liquide et la vapeur d'eau sont identiques ; c'est leur organisation qui détermine les différences de comportement (*voir la figure 21*). Dans l'eau liquide, comme dans la glace, les molécules en contact les unes avec les autres sont liées par des forces d'attraction électrique. Dans la vapeur, aux pressions rencontrées dans l'atmosphère, elles sont très éloignées les unes des autres ; la distance moyenne entre les molécules est supérieure à 30 fois leur diamètre. Chaque centimètre cube de glace ou de liquide contient environ 30 000 milliards de milliards de molécules alors qu'un centimètre cube de vapeur en contient 1 000 à 100 000 fois moins.

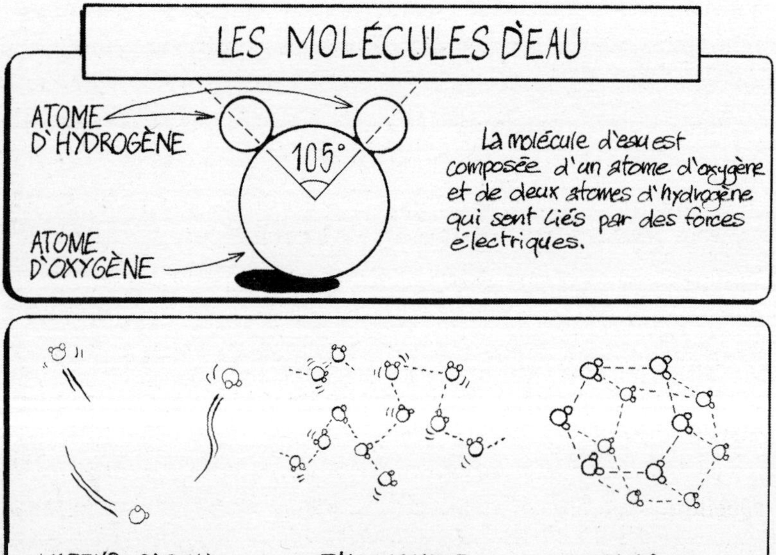

21. Les molécules d'eau sont constituées d'un atome d'oxygène et de deux atomes d'hydrogène (H_2O). À l'état de vapeur, elles sont éloignées et indépendantes. Dans l'eau liquide, elles sont proches mais restent très agitées. Dans la glace, elles sont fermement liées aux sommets d'hexagones.

Dans l'état de vapeur, les molécules d'eau s'agitent à grande vitesse (de l'ordre de 2000 kilomètres par heure à la température ambiante). Elles interagissent peu et se déplacent librement et indépendamment les unes des autres. Cette mobilité permet aux gaz d'être fortement déformables et d'occuper tout l'espace qui leur est offert. La vapeur d'eau est invisible. Les volutes situées au-dessus d'une casserole d'eau bouillante sont, comme les nuages et les brouillards, constituées de gouttelettes d'eau.

À l'état liquide, les molécules sont liées entre elles, mais se déplacent encore trop rapidement pour former des structures rigides. Cette mobilité relative explique que l'eau liquide puisse se déformer suffisamment pour épouser la forme du récipient qui la contient.

À l'état solide (glace), les molécules ont des liens forts. Elles continuent de vibrer et de tourner sur elles-mêmes, mais leurs possibilités de se déplacer demeurent limitées. Ce manque de mobilité explique pourquoi il est si difficile de déformer un morceau de glace. La nature des interactions électriques entre les molécules dans la glace (liaison hydrogène) facilite leur arrangement sous forme d'hexagones plans, ce qui explique les formes particulières que prennent la plupart des cristaux de glace observés dans la Nature. L'empilement des hexagones, qui permet de diminuer l'énergie nécessaire à la cohésion des molécules, prend plus de place qu'un empilement compact des molécules, si bien que, à masse égale, la glace occupe plus de volume que l'eau liquide. C'est pourquoi les glaçons flottent sur l'eau.

Comment passe-t-on d'un état à un autre *(voir la figure 22)* ? Quelle que soit la matière considérée, les molécules qui la composent sont en mouvement constant (agitation moléculaire), et la vitesse de ces mouvements définit sa température. La température est ainsi l'un des facteurs qui déterminent l'état d'une substance. À une température élevée, l'agitation est forte et le désordre moléculaire est grand, ce qui favorise l'état gazeux. À basse température, l'agitation est moins forte et les molécules ont la possibilité de s'organiser, ce qui

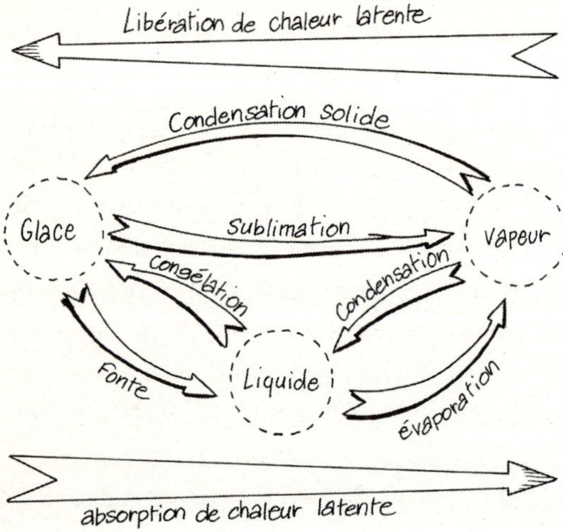

22. Les changements d'état de l'eau et les échanges d'énergie associés.

facilite l'état solide. L'état liquide est privilégié aux températures intermédiaires.

Comme les individus d'une foule qui s'agitent sur la place du village, les molécules qui constituent une substance ne bougent pas toutes de la même façon et ne se déplacent pas à la même vitesse. Dans un état condensé (glace ou liquide), une molécule plus rapide que les autres peut acquérir suffisamment d'énergie pour briser les liens qui l'associent aux autres individus de son groupe et changer d'état. Ainsi, dans la glace, il arrive qu'une molécule gagne assez de liberté pour passer à l'état liquide (la transformation s'appelle fonte ou fusion) ; si son énergie est plus élevée, cette molécule devient indépendante et rejoint la phase vapeur (la transformation du solide au gaz s'appelle sublimation). De la même façon, de la vapeur se forme lorsqu'une molécule parvient à se libérer d'un liquide (c'est l'évaporation). Pour rompre les liens qui l'associent aux molécules voisines et se libérer, une molécule puise de l'énergie dans son environnement. Elle absorbe de la chaleur, ce qui entraîne un léger refroidissement du milieu qu'elle abandonne. Ainsi, lorsqu'on est mouillé après avoir transpiré ou après avoir pris un bain, le corps se refroidit, car il fournit l'énergie nécessaire à l'évaporation des molécules d'eau qui le recouvrent.

À l'inverse, les molécules les moins rapides d'un groupe adoptent un état plus ordonné : elles passent de l'état liquide à l'état solide (congélation ou solidification), ou de l'état de vapeur à l'état liquide (condensation liquide), ou encore directement de l'état de vapeur à l'état solide (condensation solide). Dans ces cas, le changement d'état des molécules s'accompagne de la libération d'une partie de l'énergie (dite chaleur latente) qui ne leur est plus nécessaire et réchauffe le milieu d'accueil. Pour s'ordonner, les molécules évacuent donc une partie de leur énergie. Ainsi, la condensation réchauffe le miroir ou la vitre sur lesquels elle se produit. Dans l'atmosphère, c'est l'air environnant qui reçoit la plus grande partie de la chaleur latente libérée lors de la formation d'un nuage.

Une énergie considérable

La chaleur libérée par condensation (ou celle absorbée par évaporation) d'un seul kilogramme d'eau est d'environ 2,5 millions de joules et correspond à l'énergie nécessaire pour faire fonctionner une ampoule de 100 watts pendant plus de 7 heures. Celle qui est libérée par congélation (ou celle absorbée lors de la fonte) est d'environ 300 000 joules par kilogramme. La condensation solide libère (et la sublimation absorbe) 2,8 millions de joules par kilogramme, ce qui correspond à la somme des énergies libérées dans les processus de condensation et de congélation (ou absorbées lors de la fonte et de l'évaporation). Dans l'atmosphère, la quantité totale de chaleur latente échangée lors des changements d'état est gigantesque. Même dans un petit nuage, elle peut être largement supérieure à l'énergie produite pendant le même temps par une centrale nucléaire. La condensation, liquide ou solide, permet à l'atmosphère de récupérer l'énergie qui avait été utilisée pour évaporer de l'eau des océans, des sols et des végétaux. Souvenons-nous qu'au total, cette énergie représente plus de la moitié de l'énergie solaire atteignant la surface terrestre.

La saturation de la vapeur

Lorsque plusieurs états coexistent, ils échangent entre eux de nombreuses molécules. En présence de vapeur et d'eau liquide, il y a condensation si le nombre de molécules qui quittent la vapeur excède celui des molécules qui la rejoignent, et évaporation si l'inverse se produit. Lorsque les échanges sont équilibrés entre ces deux états, nous dirons que la vapeur est saturée par rapport à l'eau liquide. L'humidité relative est la variable qui définit le taux de saturation de la vapeur lorsque la surface de contact entre la vapeur et le liquide est une surface plane considérée comme infinie. Plus cette variable est près de 100 %, plus la vapeur s'approche de la saturation. À saturation, l'humidité relative vaut 100 %. Lorsque la vapeur est en équilibre au-dessus d'une surface plane infinie de glace, elle est dite saturée par rapport à la glace.

Considérons une surface liquide à l'équilibre avec sa vapeur. Si l'ensemble est chauffé par un élément extérieur (par exemple le Soleil), les molécules gagnent de l'énergie et se déplacent plus rapidement. Dans la vapeur, les molécules sont trop agitées pour s'installer dans le liquide où de nouvelles molécules acquièrent une énergie suffisante pour briser leurs liens et rejoignent la vapeur. Par conséquent, l'élévation de température crée un déséquilibre qui augmente le nombre de molécules de vapeur. La vapeur n'est plus saturée, puisqu'elle peut accepter de nouvelles molécules provenant du liquide. Nous dirons alors qu'elle est sous-saturée : son humidité relative est inférieure à 100 %. Le processus d'évaporation se poursuit jusqu'à la réalisation d'un nouvel équilibre entre le liquide et la vapeur. L'humidité relative redevient alors égale à 100 %. Nous voyons que le fait de réchauffer la vapeur a diminué son humidité relative et augmenté son aptitude à recevoir de nouvelles molécules. Le retour à l'équilibre que représente la saturation a nécessité l'évaporation d'une partie de l'eau liquide. Plus la température est élevée, plus la vapeur doit comporter de molécules pour atteindre la saturation.

À l'inverse, observons le même ensemble liquide-vapeur saturée, non plus lorsqu'il se réchauffe, mais en refroidissement. Les molécules étant ralenties, nous constatons que celles du liquide ont plus de mal à s'échapper vers la vapeur, alors que celles de la vapeur qui rencontrent le liquide s'y maintiennent plus facilement. La vapeur contient alors trop de molécules pour assurer un équilibre avec le liquide : elle est sursaturée. L'humidité relative dépasse 100 %. La condensation qui en résulte ne s'arrête que lorsqu'un nombre suffisant de molécules a quitté la vapeur. Le fait de refroidir la vapeur augmente son humidité relative et diminue son aptitude à recevoir de nouvelles molécules. Le retour à la saturation nécessite la condensation d'une partie des molécules.

Pour une altitude proche du niveau de la mer (à une pression de 1 000 hectopascals) nous expliquerons cette unité au chapitre suivant) et différentes températures, la figure 23 montre la quantité de vapeur d'eau qui est mélangée à chaque kilogramme d'air sec lorsque les conditions de vapeur saturante sont atteintes au-dessus d'une surface plane infinie d'eau liquide. Cette quantité (dénommée rapport de mélange saturant) varie fortement avec la température : à 30 °C, elle est égale à 27,7 grammes de vapeur d'eau par kilogramme d'air sec, alors qu'à 0 °C, elle vaut tout juste 3,8 grammes par kilogramme.

La quantité de vapeur peut être plus importante à température plus élevée. Toutefois, au cours de l'évaporation, la capacité de l'air à accepter plus de vapeur d'eau dépend non pas de sa température, mais de son degré de sécheresse (ou écart entre son humidité et l'humidité de saturation). Lorsque nous courons dans un air saturé, celui-ci ne peut plus absorber de molécule d'eau, et la sueur ne s'évapore pas : le corps n'est pas refroidi, et nous risquons d'attraper un coup de chaleur. À l'inverse, quand le temps est sec et venté, l'évaporation est rapide, si bien que le corps se refroidit brutalement et que nous risquons une hypothermie. Même à 30 ou 40 °C, un linge ne sèche pas si l'air est saturé. En revanche, il sèche rapidement, même à 0 °C, si l'air est très sec. Quand le vent souffle, l'évaporation est plus efficace, car les molécules d'eau évaporées sont emportées au loin. Le vent empêche la vapeur qui se forme de rester au voisinage du linge et d'y créer un microclimat humide. Il permet ainsi le maintien du linge dans un environnement immédiat relativement sec (ou sous-saturé).

La condensation solide et la sublimation suivent les mêmes règles que la condensation liquide et l'évaporation, mais la formation de la glace nécessite des liaisons étroites entre les molécules. Ces liaisons ne peuvent être maintenues lorsque l'agitation des molécules est trop forte, ce qui impose une contrainte supplémentaire sur la température. Ainsi, la glace ne se forme pas si la température excède 0 °C.

La fonte et la congélation suivent des règles différentes, car l'équilibre eau liquide-glace ne peut être réalisé qu'à la température de 0 °C. À température plus basse, toutes les molécules du liquide rejoignent le réseau cristallin de la glace : l'eau liquide congèle. Au-dessus de 0 °C, les molécules ont trop d'énergie pour rester à l'état de glace, et cette dernière fond. Tant que l'eau liquide et la glace coexistent, la température est maintenue à 0 °C. Que l'on chauffe ou refroidisse le système, sa température ne varie pas : la chaleur

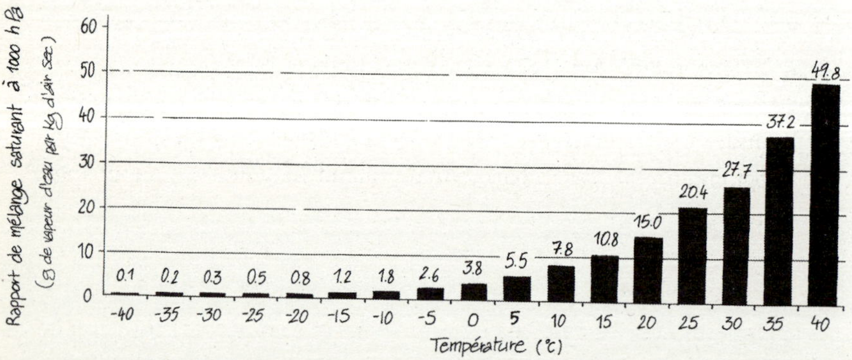

23. Le rapport de mélange saturant, à savoir la masse de vapeur d'eau mélangée à un kilogramme d'air sec dans des conditions d'échanges équilibrés, augmente avec la température, à une pression donnée (ici 1 000 hectopascals).

fournie ou extraite sert seulement à modifier l'organisation des molécules. On met à profit cette propriété lorsqu'on utilise un seau à champagne pour maintenir la précieuse boisson au frais.

Comment représenter l'humidité ?

L'air humide est un mélange d'air sec et de vapeur d'eau. Il existe plusieurs façons de représenter et de mesurer l'humidité de l'air. L'« humidité absolue » est la masse volumique (la masse divisée par le volume) de la vapeur, ou encore la masse de vapeur d'eau contenue dans un volume d'un mètre cube. Elle est exprimée en grammes par mètre cube (g/m^3). Dans l'atmosphère, l'humidité absolue maximale est observée dans l'air chaud, au voisinage du niveau de la mer. Sa valeur ne dépasse jamais 50 g/m^3 (20000 fois moins que la masse volumique de l'eau liquide et environ 20 fois moins que celle de l'air). À une température inférieure à –20 °C, l'humidité absolue ne dépasse pas un gramme par mètre cube.

L'humidité absolue permet d'évaluer les quantités de vapeur d'eau et de connaître leur poids. Toutefois, elle change chaque fois que le volume occupé par la vapeur d'eau varie, même si le nombre total de molécules reste constant. C'est pourquoi elle n'est pas commode en météorologie. Pour étudier l'évolution d'une masse d'air humide en fonction de la température, de la pression et du volume, on préfère utiliser le « rapport de mélange », défini comme le rapport entre la masse de vapeur d'eau et la masse d'air sec contenus dans un volume d'air humide. Cette variable s'exprime en grammes de vapeur d'eau par kilogramme d'air sec (g/kg). Même quand le volume d'air change, cette variable est constante tant que le nombre de molécules de vapeur associé n'est pas modifié. Le « rapport de mélange saturant », nous l'avons vu sur la figure 23, représente la masse de vapeur qui est mélangée à un kilogramme d'air sec dans des conditions saturées. Sa valeur change avec la température et avec la pression.

Pour décrire les changements d'état de l'eau, on s'intéresse à la « tension de vapeur » ou « pression partielle » exercée dans l'air par les molécules de vapeur d'eau. Si, en un lieu donné, la pression atmosphérique est de 1 000 hectopascals et si l'air humide comporte en masse 98 % d'air sec et 2 % de vapeur d'eau, les pressions partielles sont respectivement de 980 hectopascals pour l'air sec et de 20 hectopascals pour la vapeur d'eau. La tension de vapeur est aussi, à l'interface entre un liquide et sa vapeur, la pression qu'exercent les molécules de vapeur sur la surface liquide.

À saturation, les variables que nous venons de définir dépendent toutes de la température. Pour déterminer si un volume d'air humide est éloigné de sa saturation sans avoir à connaître sa température ni sa pression, on considère l'« humidité relative ». Cette variable représente la proportion entre le contenu en vapeur de l'air et le contenu qu'il aurait s'il était saturé à la même température. Ainsi, à une pression de 1 000 hectopascals et une température de 25 °C, l'air saturé contient 20,4 grammes de vapeur par kilogramme d'air sec *(voir la figure 23)* et son humidité relative vaut 100 % ; si, dans les mêmes conditions de pression et de température, l'air ne contient que 7 grammes de vapeur par kilogramme, alors son humidité relative est de 34,3 % (100 multiplié par 7 et divisé par 20,4), ce qui correspond à une atmosphère très sèche. L'humidité relative renseigne aussi sur les échanges de molécules (par évaporation ou condensation) entre la vapeur et une surface liquide : plus elle est éloignée de 100 %, plus ces échanges sont déséquilibrés.

Comment mesurer le taux d'humidité de l'air ?

Plusieurs types d'instruments servent à mesurer l'humidité. Les hygromètres les plus simples fournissent la valeur de l'humidité relative à partir des variations de longueur de fils très fins, de diverses matières : coton, nylon, baudruche (tissu membraneux provenant de l'intestin du bœuf) ou cheveux humains. Ces matériaux s'allongent lorsque l'humidité augmente et raccourcissent lorsqu'elle diminue. La variation de longueur d'un cheveu est d'environ 2,5 % lorsque l'humidité relative passe de 0 à 100 %.

Le psychromètre est composé d'un thermomètre sec et d'un thermomètre mouillé par de l'eau contenue dans un petit réservoir. Si l'air est saturé (100 % d'humidité relative), l'eau du réservoir ne s'évapore pas, et les deux thermomètres indiquent la même température. Quand l'air est sous-saturé, l'eau du réservoir s'évapore, si bien que le thermomètre humide est refroidi d'autant plus vite que l'air est sec. La différence de température enregistrée entre les deux thermomètres fournit ainsi une mesure de l'humidité relative (ou de la sécheresse) de l'atmosphère.

Le capteur capacitif à couche mince est fréquemment utilisé, en particulier dans les stations météorologiques et lors des radiosondages, qui sont des mesures en altitude à l'aide de ballons météorologiques. Il exploite la variabilité du volume de certaines résines (polymères) en fonction de l'humidité relative de leur environnement. Deux électrodes métalliques sont déposées sur les côtés opposés d'une lame de polymère hygroscopique (qui absorbe l'humidité), formant ainsi un condensateur. Lorsque le polymère absorbe des molécules d'eau, il grossit et écarte les électrodes, ce qui se traduit par une variation de capacité du condensateur. De la mesure de cette capacité, on déduit la valeur de l'humidité du milieu.

Quand l'air est refroidi à pression constante, son humidité augmente jusqu'à la saturation, et des gouttelettes de rosée se forment sur des supports. La température à laquelle ce phénomène se produit est appelée température du point de rosée, et c'est aussi la température de saturation de la vapeur d'eau contenue dans l'air. Connaissant la température et la pression, il est alors facile d'en déduire le rapport de mélange en vapeur. Ce principe est mis en application dans l'hygromètre à point de rosée, un instrument utilisé sur les avions de recherche atmosphérique et dans les laboratoires. L'air est envoyé sur un miroir refroidi. Lorsque la buée commence à se déposer, le miroir ne renvoie plus nettement la lumière. On enregistre alors sa température.

Des mesures de l'humidité à distance sont aussi possibles grâce à l'hygromètre à infrarouge. Utilisé notamment sur les satellites météorologiques, cet instrument mesure les quantités de rayonnement absorbées ou émises à des longueurs d'ondes particulièrement sensibles à la présence et à la quantité de vapeur d'eau.

Le rôle des poussières

Nous avons décrit les divers états de l'eau dans l'air, mais nous n'avons pas pris en compte l'action d'autres éléments présents dans l'atmosphère : les particules en suspension, encore appelées aérosols. Pourtant, ces particules jouent un rôle fondamental dans la formation des nuages et des précipitations.

On pourrait penser que dans l'atmosphère, les gouttelettes d'eau et les cristaux de glace se forment dès que la vapeur dépasse la saturation par rapport à l'eau liquide (dans le cas de la condensation liquide), ou par rapport à la glace (condensation solide). Pourtant, les choses ne sont pas aussi simples. Les échanges de molécules entre deux états, que nous avons décrits précédemment, supposaient la présence d'interfaces planes presque infinies, comme cela se produit à la surface d'un océan, d'un lac ou d'un glacier. Or, les nuages se forment à des altitudes où l'air humide ne rencontre pas d'étendue d'eau liquide ni de glace, et encore moins sous forme de surface plane infinie. Les transferts de molécules ne s'établissent donc pas instantanément. L'humidité relative peut alors augmenter bien au-delà de 100 % sans permettre aux molécules de vapeur de changer d'état. De même, une fois formées, les gouttelettes d'eau refroidies sous 0 °C auront du mal à geler, car elles ne peuvent transmettre leurs molécules à une grande étendue glacée.

Dans ces conditions, les changements d'état n'ont lieu qu'en présence de supports, de « noyaux » susceptibles d'accueillir de l'eau liquide ou de la glace : c'est la nucléation. Elle intervient lorsqu'un nombre suffisant de molécules, moins rapides que leurs voisines, constituent des embryons de gouttes d'eau ou de cristaux de glace, soit parce qu'elles se rencontrent et restent soudées sous forme d'agglomérats (nucléation homogène), soit parce qu'elles rencontrent un corps étranger et s'y déposent (nucléation hétérogène), de même que la buée ou le givre se forment sur une vitre, dans un réfrigérateur ou dans un congélateur.

L'équilibre vapeur-eau liquide ou vapeur-glace autour de petits noyaux nécessite des conditions différentes de celles que nous avons décrites dans le cas d'une interface plane infinie. L'humidité doit être beaucoup plus importante. En effet, à cause de la convexité, les molécules qui se trouvent à la surface d'une petite particule sont liées à peu de voisines, bien moins que les molécules qui forment une surface plane : elles sont donc plus faiblement retenues et peuvent facilement se libérer pour passer dans la vapeur. Plus le noyau est petit, plus l'humidité nécessaire au maintien de l'équilibre liquide-vapeur est importante. Ainsi, les humidités qui permettraient la croissance de petits agglomérats sont très supérieures à celles rencontrées dans l'atmosphère. Les petits agglomérats de quelques dizaines ou quelques centaines de molécules ne sont donc pas stables et tendent à se dissocier rapidement. Le même type de contrainte existe pour démarrer la congélation de l'eau liquide. Dans les nuages, la température devra descendre nettement au-dessous de 0 °C (phénomène de surfusion) avant que des embryons de glace ne puissent se former.

Dans un air pur, l'humidité relative devrait atteindre près de 400 % pour permettre la formation de nuages tels que ceux que nous avons l'habitude de voir, et la température devrait descendre à –36 ou –40 °C avant que les gouttelettes d'eau liquide ne congèlent. De telles valeurs de la température se rencontrent vers le haut de la troposphère, mais d'aussi fortes humidités relatives n'ont jamais été mesurées, car l'air atmosphérique n'est jamais pur et contient de nombreux aérosols : ces minuscules particules solides ou liquides en suspension servent de supports au changement d'état des molécules d'eau en présence d'humidités relatives bien plus faibles.

Ainsi, la composition des nuages dépend fortement du nombre et des propriétés des aérosols présents. Quels sont-ils ? D'où viennent-ils ? Leur nature et leur origine fluctuent en fonction des conditions locales de l'environnement, mais aussi de la température de l'air, de la force du vent et des origines des masses d'air. L'érosion des sols par le vent fournit de fines particules. La décomposition des animaux et des végétaux apporte à l'atmosphère des composés ammoniaqués. Les étangs et les marécages dégagent des hydrocarbures. L'atmosphère au-dessus des villes comporte nombre d'aérosols produits par la combustion de fuel et de charbon. Les volcans émettent de grandes quantités de cendres et de gaz divers. Les météorites produisent des poussières lorsqu'elles sont désintégrées dans l'atmosphère. Au-dessus des mers, des embruns créés par le vent permettent la dispersion de fines gouttelettes d'eau salée qui s'évaporent et libèrent ainsi de petits noyaux salins comme le chlorure de sodium (sel de cuisine) ou le dichlorure de zinc ; ces derniers forment la majeure partie des aérosols présents dans les masses d'air maritimes. Ils peuvent ensuite être transportés par le vent plusieurs centaines de kilomètres à l'intérieur des terres.

La formation incessante d'aérosols est compensée par leur retombée vers le sol sous l'effet de leur poids et par le lavage de l'atmosphère dû aux précipitations. Tous les aérosols ne jouent pas un rôle dans la formation d'embryons de gouttelettes : les plus gros n'effectuent généralement qu'un court séjour en altitude avant de retomber, et les plus petits ne pourraient être activés qu'avec de fortes sursaturations, supérieures à celles qui existent dans l'atmosphère. En outre, toutes les substances n'ont pas la même aptitude à favoriser la nucléation de particules d'eau liquide ou de glace.

Les gouttelettes de brouillard et de nuage

Un aérosol facilite la condensation des molécules de vapeur à partir d'une certaine humidité relative, qui dépend de sa composition, de sa forme et de sa dimension. Dans des conditions d'humidité relative données, les aérosols qui favorisent la condensation sont appelés noyaux de condensation. Selon nos explications précédentes, le nombre de noyaux de condensation augmente avec la sursaturation. Les substances solubles dans l'eau comme les sels sont efficaces à de plus faibles sursaturations que les substances non solubles comme les grains de sable. Les substances qui se recouvrent facilement d'eau (dites hydrophiles) sont plus efficaces que les substances qui évitent son contact (dites hydrophobes). Enfin, les grosses particules sont plus efficaces que les petites, d'abord parce qu'elles ont une surface de captation plus grande et ensuite parce qu'elles permettent de créer des gouttes plus grosses et plus stables. En général, seuls les aérosols de diamètre supérieur à 0,2 micromètre (un micromètre vaut un millième de millimètre) servent de noyaux de condensation dans l'atmosphère.

Certains aérosols solubles commencent à absorber des molécules d'eau dès 70 % d'humidité relative. Voilà pourquoi le sel est si souvent mouillé, même lorsque la salière se trouve dans une pièce peu humide. Cela explique aussi la formation de certaines brumes constituées de minuscules particules de solution, à des humidités relatives légèrement inférieures à 100 %. Cependant, la formation de gouttelettes de brouillard ou de nuage nécessite la présence d'humidités relatives supérieures à 100 %. À faible sursaturation, seules les grosses particules hydrophiles sont efficaces, mais le nombre de noyaux de condensation augmente rapidement avec la sursaturation. Dans l'atmosphère, dès que la sursaturation atteint 0,5 % (ce qui correspond à une humidité relative de 100,5 %), les noyaux de condensation sont déjà assez nombreux pour favoriser la formation des multiples gouttelettes qui composent les nuages. Même dans les nuages les plus actifs, comme les cumulonimbus, les humidités relatives dépassent rarement 102 % et restent toujours inférieures à 106 %.

Dans les brouillards, où la saturation reste faible, les gouttelettes ont un diamètre moyen de 5 à 10 micromètres et sont au nombre de 100 à 500 par centimètre cube (c'est-à-dire dans le volume d'un dé à coudre). Dans les nuages, elles ont un diamètre moyen de 20 micromètres (il faudrait en mettre 50 côte à côte pour atteindre 1 millimètre) et une concentration moyenne de 1 000 par centimètre cube.

Cette concentration varie considérablement en fonction des caractéristiques de l'environnement. On compte en moyenne 15 fois plus de noyaux actifs à faible sursaturation au-dessus des villes qu'à la campagne et 10 fois plus au-dessus des terres qu'au-dessus des océans. Ainsi, les nuages qui se développent dans les masses d'air d'origine maritime contiennent entre 200 et 600 gouttelettes par centimètre cube, alors que dans les masses d'air d'origine continentale, ils en contiennent entre 1 000 et 4 000. Nous verrons que ces éléments ont un impact important sur les propriétés des nuages et sur la production de précipitations.

Les gouttelettes de brouillard et de nuage ont une forme sphérique, laquelle minimise l'énergie de cohésion des molécules. En effet, puisque les molécules situées à la surface d'une gouttelette sont liées à moins de voisines que celles de l'intérieur du liquide, elles ont besoin de liens plus forts, c'est-à-dire d'une énergie de liaison plus importante pour ne pas s'échapper. Comme la sphère est la forme qui offre le moins de surface extérieure pour un volume donné, elle minimise le nombre de molécules se trouvant à la surface et maximise ainsi la cohésion de la gouttelette. Pour déformer une goutte, il faut augmenter le nombre de molécules de surface, ce qui nécessite l'application de forces importantes par rapport aux forces intermoléculaires. Les gouttelettes de brouillard et de nuage tombent lentement, à quelques centimètres par seconde tout au plus. Les forces aérodynamiques restent faibles et les déforment peu. Dans le cas des gouttes de pluie, nous verrons plus loin que, la vitesse de chute étant plus importante, les forces aérodynamiques deviennent aussi intenses que les liaisons entre molécules, de sorte que la forme sphérique n'est plus respectée.

Les cristaux de glace

Lorsque la température est inférieure à 0 °C, des cristaux de glace se forment, soit par condensation solide à partir de la vapeur, soit par congélation de gouttelettes d'eau liquide. Comment démarrer la formation de ces cristaux ? Pour la condensation solide, comme pour la condensation liquide, dans l'atmosphère, la nucléation homogène est peu efficace et ne permet pas d'expliquer la formation des nuages de cristaux. Pour la congélation, en revanche, elle devient efficace lorsque la température descend au-dessous de –40 °C. Ainsi, sauf dans le cas de congélation de gouttes à très basse température, la formation des cristaux de glace procède par nucléation hétérogène, autour des supports externes (noyaux glaçogènes). Comme les aérosols glaçogènes sont rares dans l'atmosphère, les sursaturations par rapport à la glace peuvent atteindre quelques dizaines de pour cent sans que la condensation solide ne puisse démarrer. Dans ces conditions, la formation de gouttelettes d'eau liquide est souvent privilégiée, même à des températures inférieures à –10 °C. Pour les mêmes raisons, certaines gouttes d'eau restent sous forme liquide jusqu'à des températures de –40 °C.

Le givrage des avions révèle la présence de gouttelettes d'eau surfondue dans les nuages. L'avion sert alors de support à la nucléation de la glace qui s'accumule sur les ailes et le cockpit. Ce phénomène a provoqué de nombreux accidents mortels. Les lignes électriques suspendues sont aussi de bons supports de givrage pendant les hivers froids et humides. La pluie verglaçante congèle au moindre contact, ce qui provoque du verglas.

Les noyaux glaçogènes les plus efficaces sont les substances dont les molécules ont un arrangement semblable à celui de la glace, qui facilite l'organisation, sous forme d'hexagones, des molécules d'eau qui viennent au contact. Un noyau de même structure moléculaire qu'un cristal de glace serait actif à faible sursaturation par rapport à la glace pour la condensation solide, et à une température peu inférieure à 0 °C pour la congélation. Ainsi, au-dessous de 0 °C, quand une gouttelette surfondue rencontre un cristal de glace, sa congélation démarre rapidement.

Quand la sursaturation par rapport à la glace augmente (cas de la condensation solide) ou quand la température diminue (cas de la congélation), la nucléation devient plus facile et un nombre croissant d'aérosols servent de noyaux. Les noyaux les plus courants dans l'atmosphère sont les particules de kaolin, un silicate d'alumine présent dans le sol et utilisé dans les céramiques. Ils deviennent efficaces au voisinage de –9 °C. Certaines bactéries sont aussi de bons noyaux, actifs vers –3 °C. Cependant, peu de substances ont une structure moléculaire semblable à celle de la glace, si bien que, dans l'atmosphère, les noyaux glaçogènes sont bien moins nombreux que les noyaux de condensation. À –20 °C, on rencontre en moyenne une particule par litre capable d'assurer la nucléation de cristaux de glace. Ce nombre est décuplé chaque fois que la température décroît de 4 °C : cela fait 10 par litre à –24 °C et 100 000 par litre à –40 °C (soit 100 par centimètre cube, ce qui s'approche du nombre de gouttelettes rencontrées dans un nuage de type maritime). L'iodure d'argent, rare dans l'atmosphère, mais efficace à partir de –4 °C, est utilisé dans de nombreuses tentatives pour modifier les nuages ou les précipitations.

Par temps clair, des traînées se forment derrière les avions à réaction, car la combustion entretenue dans les réacteurs fournit les ingrédients nécessaires à la nucléation de gouttelettes d'eau ou de cristaux de glace : de la vapeur d'eau, des particules de carbone et une forte dépression qui provoque une sursaturation. Dans certaines conditions, les émissions des usines ou des centrales d'énergie, riches en vapeur d'eau et en aérosols efficaces pour la nucléation, favorisent les chutes de pluies ou de neige dans leur voisinage immédiat.

Les étendues d'eau à la surface terrestre n'atteignent jamais des états de surfusion comparables à celui des gouttelettes de nuage. La moindre flaque est dix mille milliards de fois plus volumineuse qu'une goutte et contient nombre d'impuretés bien plus grosses que les aérosols présents dans les nuages. Ces impuretés déclenchent la congélation à des températures proches de 0 °C. Une fois le processus démarré, les molécules d'eau s'intègrent facilement à la structure glacée, et la solidification se propage.

Dans un nuage, le processus de congélation est moins efficace et moins rapide. D'une part, chaque gouttelette est minuscule et n'a qu'une faible probabilité de contenir un noyau de congélation efficace autour de 0 °C. D'autre part, lorsqu'il a démarré dans une goutte, le processus se propage à cette goutte et non pas à l'ensemble du nuage. Les autres gouttes restent à l'état liquide.

Les molécules d'eau qui gèlent s'assemblent en petits hexagones plans pour former des cristaux en forme de plaquettes, de colonnes, d'aiguilles ou de fougères, appelées dendrites *(voir la figure 24)*. Leur taille peut atteindre quelques millimètres. Leur concentration varie fortement avec les conditions rencontrées (type de noyau, taille des gouttes, vitesse de l'air selon la verticale, etc.).

Les cristaux de glace qui croissent par condensation solide présentent des formes variées, dont les plus fondamentales sont la plaque et le prisme. Les plaques les plus simples sont les plaquettes hexagonales, et les prismes les plus simples sont des colonnes solides à section droite hexagonale. Quand la vapeur condense en glace, la structure des cristaux est déterminée par la température à laquelle ils se forment. Entre 0 et –50 °C, il existe quatre régions caractéristiques de la température. Les formes plates sont privilégiées entre

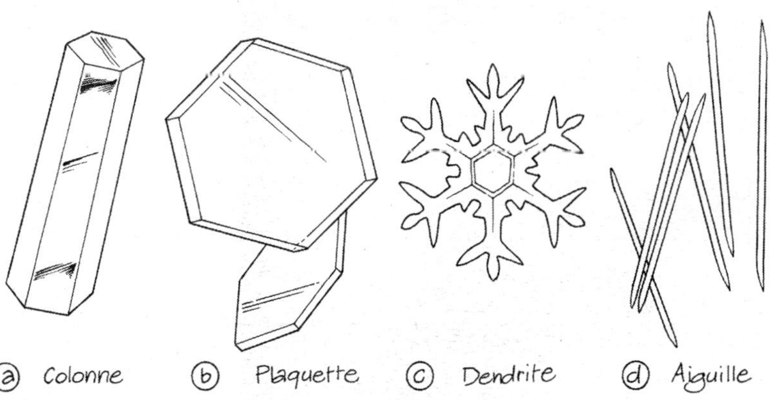

24. Principales formes de cristaux de glace.

0 et –4 °C et entre –10 et –22 °C, alors que les prismes se forment entre –4 et –10 °C ou entre –22 et –50 °C. En présence de fortes humidités, quand l'air est sursaturé non seulement par rapport à la glace mais aussi par rapport à l'eau liquide, les modes de croissance sont modifiés. Les cristaux de type prisme prennent la forme de longues aiguilles minces entre –4 et –6 °C, et de colonnes creuses entre –6 et –10 °C ou entre –22 et –50 °C. Les cristaux de type plaque apparaissent sous forme de fines plaquettes hexagonales de 0 à –4 °C, de plaquettes à secteurs en forme de pétales de –10 à –12 °C et de –16 à –22 °C, et sous forme de dendrites ou d'étoiles entre –12 et –16 °C. Lorsqu'ils tombent dans les nuages, les cristaux de glace subissent continuellement des variations de température et de rapports de mélange. Ainsi, ils acquièrent parfois des formes complexes, même lorsqu'ils grossissent par le seul mécanisme de déposition de vapeur.

Nous venons de voir que les cristaux de glace avaient du mal à se former. Pourtant, les mesures des concentrations en noyaux glaçogènes et en cristaux de glace, effectuées par avion dans les nuages, montrent parfois des concentrations en cristaux plus de mille fois supérieures à la concentration en noyaux glaçogènes. Des observateurs ont également constaté une glaciation brutale et massive au sommet de certains cumulus développés. Cela signifie qu'un processus de multiplication produit parfois, en un temps limité, de grandes quantités de cristaux sans l'aide des noyaux glaçogènes. Ce phénomène est assez limité dans les nuages continentaux et n'est efficace que dans des nuages maritimes assez développés pour contenir de grosses gouttes d'eau. Selon des études menées en laboratoire, cette multiplication rapide des cristaux de glace résulterait de deux phénomènes consécutifs : l'éclatement de gouttes à la suite d'une collision avec des particules de neige roulée ou de grésil, puis le givrage instantané des éclaboussures ainsi formées. Deux autres processus multiplient le nombre de cristaux de glace. Le premier est le givrage de cristaux délicats et fragiles comme les dendrites, qui deviennent cassants et se brisent en plusieurs morceaux. Le deuxième est l'explosion des gouttes en cours de congélation. Lorsque, à basse température, la congélation démarre sur la surface externe d'une goutte, elle forme une coquille de glace. Au moment où l'eau liquide enfermée congèle, elle grossit et fait exploser la coquille en une multitude de petits morceaux de glace.

Quelques brouillards remarquables

Comment l'humidité relative augmente-t-elle suffisamment pour atteindre les sursaturations nécessaires à la formation des gouttelettes d'eau et des cristaux de glace qui composent nuages et brouillards ?

Dans l'atmosphère, l'humidité relative peut augmenter de deux façons : par mélange de volumes d'air ayant des températures différentes ou, comme nous l'avons vu précédemment, par refroidissement de l'air. Ce refroidissement de l'air peut être provoqué par une détente, par rayonnement ou par conduction.

Lorsque de l'air est soulevé dans l'atmosphère, il traverse des régions où la pression est de plus en plus faible. Il se détend et refroidit, comme cela se produit lorsqu'on libère le gaz comprimé d'une bouteille ou d'un vaporisateur. S'il dépasse une certaine altitude (niveau de condensation) l'humidité relative, qui augmente quand la température décroît, devient suffisante pour que les aérosols présents activent la nucléation hétérogène. L'amas de gouttelettes ou de cristaux qui se forme constitue un nuage si l'on se trouve en atmosphère libre et un brouillard de pente (ou brouillard de détente) si le soulèvement d'air s'est produit le long d'un relief auquel le brouillard reste attaché. Nous voyons que nuages et brouillards ont nombre de caractéristiques communes. La différence vient du fait que les uns sont suspendus dans les airs alors que les autres sont ancrés au sol.

La nuit, la Terre ne reçoit plus d'énergie du Soleil et continue à perdre de l'énergie par rayonnement et conduction. Sa température et, par suite, celle des basses couches de l'atmosphère baissent.

L'humidité relative augmente, et l'air atteint la saturation quand la température descend jusqu'au point de rosée. L'air devient alors sursaturé, et la vapeur d'eau condense en gouttes de rosée sur le sol, sur les plantes, ou sur des aérosols en suspension. Dans ce dernier cas, apparaît un brouillard dit de rayonnement. Si la température est inférieure à 0 °C, la vapeur d'eau se dépose sous forme de cristaux de glace ou de gelée blanche. La température qui permet d'atteindre la saturation par rapport à la glace dans cette transformation à pression constante est appelée température du point de gelée. Le brouillard de rayonnement se forme plus facilement en présence de grandes étendues d'eau ou d'un sol humide et dans des conditions anticycloniques, quand la nuit est claire, sans nuage, et que l'atmosphère est composée d'une fine couche d'air humide près de la surface terrestre, surplombée d'une épaisse couche d'air relativement sec. En l'absence de nuage et avec une faible humidité, l'atmosphère retient peu le rayonnement terrestre, si bien que la surface terrestre et les basses couches de l'atmosphère se refroidissent vite. La couche humide, en contact avec la surface terrestre, atteint alors rapidement la saturation.

Lorsque le refroidissement d'une masse d'air est dû à son déplacement vers des régions plus froides, le brouillard qui se forme est appelé brouillard d'advection. Ce phénomène est favorisé lorsque l'air est humide et la surface terrestre froide. De telles conditions sont fréquentes l'hiver près des côtes, lorsque le vent vient de la mer.

La sursaturation apparaît aussi lorsque deux volumes d'air de températures différentes se mélangent *(voir l'encadré à la fin de ce chapitre)*. Le brouillard dit de mélange se forme ainsi à l'interface de deux masses d'air d'origine et de température différentes. On peut obtenir une forte sursaturation en présence d'air froid, même très sec, quand on le mélange à de l'air chaud proche de la saturation. C'est de cette manière que se forme la buée qui sort des nasaux des chevaux, telle une fumée blanche, ou celle que l'on produit l'hiver en soufflant dans l'air froid. Comme un brouillard, cette buée est composée d'une multitude de gouttelettes qui condensent sur des aérosols présents dans l'air. Contrairement à une explication répandue, cette sursaturation est due non pas au refroidissement de l'air chaud et humide extirpé des poumons, mais à son mélange avec l'air extérieur, de température très différente. Nous obtenons d'ailleurs le même phénomène en soufflant dans de l'air très chaud, s'il est très humide.

Il existe un autre type de brouillard dû au processus de mélange : le brouillard d'évaporation. Une surface d'eau plus chaude que l'air avoisinant tend à réchauffer et à humidifier la pellicule d'air qui se trouve juste au-dessus d'elle. Si une masse d'air froid traverse cette étendue, l'air chaud et humide qui se trouve juste au-dessus de la surface monte, car il est plus léger que l'air froid. Dans le mélange, l'humidité relative augmente et peut devenir suffisante pour former un brouillard. On observe de tels brouillards l'hiver au-dessus des sources thermales chaudes ou des piscines extérieures chauffées. On les voit aussi au milieu des précipitations, lorsque la température des basses couches de l'atmosphère est inférieure à celle des couches supérieures (c'est une inversion de température). En tombant dans les basses couches, les gouttes de pluie, plus chaudes que l'air ambiant, le réchauffent et l'humidifient. Elles créent ainsi des zones plus chaudes et plus humides qui, lorsqu'elles se mélangent à l'air ambiant, déclenchent la formation d'un brouillard.

D'un état à l'autre

Courbes de changement d'état de l'eau

Les courbes de la figure 25 représentent les relations entre la tension (ou pression) de vapeur (*e* en hectopascals ou hPa) et la température (*T* en °C) lorsque différents états de l'eau coexistent et sont séparés par une interface plane infinie. Une courbe représente l'équilibre liquide-vapeur, une autre (verticale) l'équilibre liquide-solide et la troisième l'équilibre solide-vapeur. La seule possibilité d'équilibre entre les trois états se trouve au point de rencontre entre ces trois courbes (point triple : $e = 6{,}11$ hPa et $T = 0$ °C). Quand les conditions de tension de vapeur et de température mesurées au voisinage de l'interface entre deux états ne sont pas sur l'une des courbes, l'équilibre entre ces états n'est pas atteint, et les molécules rejoignent l'état indiqué. Par exemple, si les conditions rencontrées se situent dans la région du graphique notée « liquide », les transferts de molécules de vapeur et de glace vers le liquide sont privilégiés jusqu'à ce qu'il n'y ait plus de vapeur ni de glace, ou que les conditions soient modifiées. Une situation analogue se retrouve dans la région « vapeur », où le liquide s'évapore et la glace sublime. Dans la région

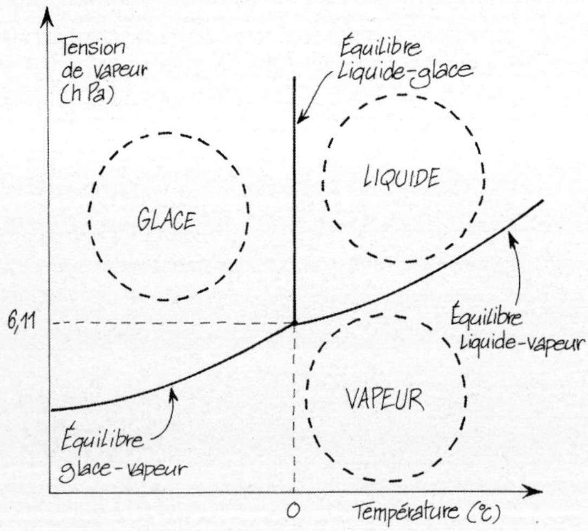

25. Diagramme des états de l'eau en fonction de la température et de la tension de vapeur. Les courbes représentent la tension de vapeur correspondant à l'équilibre entre deux états, pour différentes valeurs de la température. Entre ces courbes, à l'équilibre, l'eau se trouve dans l'état indiqué. À 0 °C et 6,11 hectopascals de tension de vapeur, les trois états coexistent.

« glace », l'eau congèle et la vapeur condense à l'état solide. À forte pression, les états condensés (liquide ou solide) sont favorisés, alors qu'à faible température, l'état solide (glace) domine. L'équilibre entre deux états est facilement atteint dans un milieu clos, quand on laisse le temps aux molécules de passer d'un état à l'autre. Dans l'atmosphère, qui est un milieu ouvert, les conditions de l'équilibre ne sont pratiquement jamais réalisées et restent fugitives.

Sursaturation et surfusion

Les relations entre tension de vapeur et température qui permettent d'atteindre l'équilibre entre plusieurs états et qui déterminent les conditions de changement d'état de l'eau supposent qu'il existe une interface plane infinie (ou suffisamment grande) à travers laquelle des molécules sont échangées. Or, dans l'atmosphère, ce type d'interface n'existe pas. La Nature favorisant le désordre, les molécules d'un état ordonné se libèrent facilement de cet état en

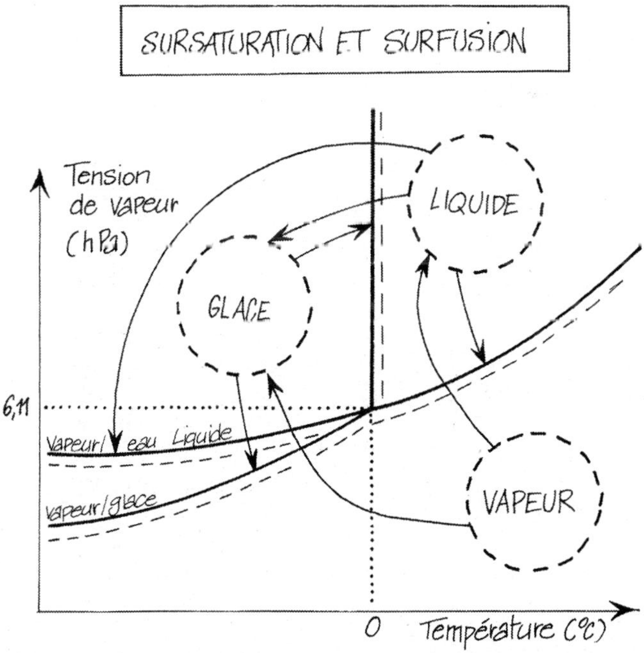

26. Si l'équilibre n'est pas réalisé, l'eau peut être liquide même à température inférieure à 0 °C (surfusion), et la vapeur d'eau peut exister dans les régions de la figure réservées au liquide (sursaturation par rapport à l'eau) ou à la glace (sursaturation par rapport à la glace).

absorbant de l'énergie. C'est pourquoi les mécanismes de fonte, d'évaporation et de sublimation démarrent dès que les conditions de température et de tension de vapeur sont réunies. En revanche, les molécules d'un état désordonné auront beaucoup de mal à retrouver la structure des états mieux organisés, ce qui explique que la vapeur d'eau puisse se retrouver en état de sursaturation par rapport à l'eau liquide ou à la glace, et que l'eau liquide puisse être en état de surfusion.

Pour tenir compte de ces éléments, il est nécessaire de revoir la courbe des changements d'état de l'eau présentée figure 25 pour y ajouter une courbe d'équilibre entre l'eau liquide et la vapeur à température inférieure à 0 °C et imaginer que les frontières représentées par les différentes courbes sont étanches dans le sens glace-liquide, liquide-vapeur et glace-vapeur, mais ouvertes dans le sens vapeur-liquide (sursaturation par rapport à l'eau liquide), liquide-glace (surfusion) et vapeur-glace (sursaturation par rapport à la glace). Comme dans le code de la route, nous avons représenté sur la figure 26 les limites par une double ligne, continue d'un côté pour marquer l'interdiction de passer, pointillée de l'autre pour marquer l'autorisation de franchissement.

La sursaturation par mélange

La sursaturation peut provenir du mélange de deux volumes d'air humide, de température différente. Mélangeons 1 kilogramme d'air humide à 10 °C avec 1 kilogramme d'air humide à 30 °C. Nous obtenons 2 kilogrammes d'air à une température intermédiaire de (10 + 30)/2 = 20 °C *(voir la figure 27)*. Imaginons maintenant que l'air à 10 °C contienne 6 grammes de vapeur d'eau (soit une humidité relative de 77 %) et que l'air à 30 °C en contienne 25 (soit une humidité relative de 93 %). Le mélange contiendra donc un total de 6 + 25 = 31 grammes de vapeur d'eau répartis dans 2 kilogrammes d'air humide, soit 15,5 grammes de vapeur d'eau par kilogramme d'air humide. Si 1 kilogramme d'air humide contient 15,5 grammes de vapeur d'eau, il contient aussi 984,5 grammes d'air sec, si bien que le rapport de mélange vapeur-air sec est de 15,5/0,9845 = 15,7 grammes de vapeur d'eau par kilogramme d'air sec.

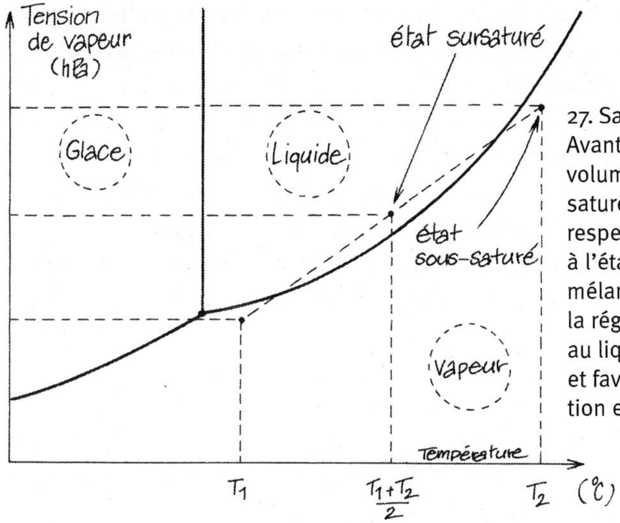

27. Saturation par mélange. Avant mélange, deux volumes d'air sous-saturés, aux températures respectives T_1 et T_2, sont à l'état de vapeur. Leur mélange se situe dans la région correspondant au liquide : il est sursaturé et favorise la condensation en eau liquide.

Revenons à la figure 23 (page 54) représentant les rapports de mélange saturant. Nous constatons qu'à 20 °C (température du mélange), l'air est saturé lorsqu'il contient seulement 15,0 grammes de vapeur d'eau par kilogramme d'air sec. Avec 15,7 grammes de vapeur, notre mélange serait fortement sursaturé, son humidité relative serait de 105 %. Les processus de condensation seraient rapidement activés pour transformer l'excédent de vapeur en gouttelettes de brouillard. Ainsi, le mélange de deux masses d'air sous-saturées peut engendrer une sursaturation et former des brouillards ou des nuages.

5

La naissance d'un nuage

Nous savons maintenant que les nuages se forment lorsque de l'air devient sursaturé par refroidissement après avoir été soulevé dans l'atmosphère. Mais qu'est-ce qui fait monter l'air ? Jusqu'où monte-t-il ? Quelles conditions rencontre-t-il pendant son voyage en altitude ? Où vont les nuages dans le ciel ? Qu'est-ce qui assure leur cohésion ? Pourquoi ne tombent-ils pas ? Combien de temps vivent les gouttelettes de nuage ? Autant de questions dont les réponses nous permettront de mieux comprendre les mécanismes favorisant le développement des nuages.

Les possibilités de formation des nuages, leur type et leur développement sont en grande partie déterminés par les variations de la température et de l'humidité en fonction de l'altitude. Nous allons décrire les caractéristiques du milieu dans lequel apparaît la majeure partie des nuages et expliquer les mécanismes qui régissent leur formation.

Commençons par l'atmosphère terrestre : elle est composée d'azote (78 %), d'oxygène (21 %) et de faibles pourcentages d'autres gaz tels que la vapeur d'eau et le gaz carbonique. On y trouve aussi une multitude de poussières qui viennent de la surface de la planète ou de l'espace interplanétaire, ainsi que de l'eau condensée qui constitue les nuages sous la forme de gouttelettes liquides ou de cristaux de glace.

Alors que les proportions en azote et en oxygène sont pratiquement constantes jusqu'à une altitude d'environ 80 kilomètres, la concentration en vapeur d'eau diminue rapidement avec l'altitude et varie fortement d'une région à l'autre du Globe. Elle est surtout concentrée dans les basses couches, près des océans, des lacs, des sols humides et de la végétation. Dans les régions tropicales chaudes et humides, près de la surface terrestre, la vapeur d'eau représente plus de 4 % des gaz atmosphériques. À 10 kilomètres d'altitude, elle en représente moins de 0,001 %. Plus de la moitié de la vapeur d'eau atmosphérique se trouve à moins de 1 500 mètres d'altitude, et plus de 90 % sont au-dessous de 5 000 mètres. C'est donc surtout l'air situé dans les basses couches qui donnera naissance aux brouillards et aux nuages épais, même lorsque ces derniers se forment à plus haute altitude.

Une colonne ayant une base d'un mètre carré et s'étendant sur toute l'épaisseur de l'atmosphère contient en moyenne 24 kilogrammes de vapeur d'eau. Si toute l'eau atmosphérique était condensée et répartie uniformément sur la surface du Globe, elle formerait une pellicule liquide d'environ 24 millimètres. Mais les quantités disponibles en altitude varient considérablement avec la situation géographique et avec les saisons. À titre d'exemples, la pellicule d'eau condensée moyenne serait de seulement 1 à 2 millimètres dans les régions polaires continentales, de 5 à 10 millimètres dans les déserts tropicaux, et de 50 à 60 millimètres dans les régions équatoriales soumises aux flux de mousson. Les saisons sont, elles aussi, bien marquées : les quantités moyennes situées au-dessus de l'hémisphère nord donneraient une pellicule de 19 millimètres en janvier et de 34 millimètres en juillet.

Toutes les molécules présentes dans l'atmosphère sont attirées vers le sol par la force de gravité. Ainsi, les molécules d'air qui se trouvent au-dessus de nous exercent une pression sur nos épaules comme sur toutes les parties extérieures de notre corps. Cette pression s'exerce perpendiculairement à toute surface, avec la même valeur quelle que soit la direction de cette surface. Dans une atmosphère à l'équilibre, en l'absence de vent vertical, le poids de toutes les molécules d'air au-dessus d'un point définit la pression atmosphérique à cet endroit. Au niveau de la mer, la masse des molécules d'air qui se trouvent dans une colonne ayant une base d'un mètre carré, est en moyenne de 10 339,3 kilogrammes ; elle exerce une pression de 101 325 pascals ou de 1 013,25 hectopascals.

Le pascal est la pression exercée par une force de 1 newton sur une surface de 1 mètre carré (1 Pa = 1 N/m^2). Dans les unités du Système international (SI), la pression est exprimée en pascals ; en météorologie, l'unité utilisée est l'hectopascal (hPa) qui a remplacé le millibar (mb). La conversion est facile : 1 hectopascal est égal à 1 millibar.

Des millions de milliards de milliards de molécules pèsent sur nous en permanence, et nous ne sommes pas écrasés ? Notre corps est lui aussi composé de millions de milliards de milliards de molécules qui s'opposent aux forces appliquées par les molécules d'air. La pression exercée par l'atmosphère lorsqu'on est au niveau de la mer est la même que celle qui serait exercée par une couche d'eau de 10,3 mètres de haut. Ainsi, lorsqu'un plongeur descend à 10,3 mètres de profondeur, il subit une pression égale à deux fois la pression atmosphérique : une fois de la part de la couche d'eau et une fois de la part de la couche d'atmosphère.

Naturellement, lorsque nous montons en altitude, la pression diminue, car la colonne d'air qui se trouve au-dessus de nous est de moins en moins importante. Ainsi, la pression, qui est d'environ 1 013 hectopascals au niveau de la mer, n'est plus que de 500 hectopascals vers 5,5 kilomètres d'altitude et de 100 hectopascals vers 16 kilomètres. Cela signifie qu'environ 50 % de la masse de l'atmosphère se trouve au-dessous de 5,5 kilomètres d'altitude et 90 % est situé au-dessous de 16 kilomètres d'altitude.

Dans le vol Paris-Rome, lorsque nous atteignons l'altitude de 10 500 mètres, l'hôtesse annonce une température extérieure de

–55 °C. Il ne ferait pas bon mettre le nez dehors ! Pourtant, à Paris, la température était de 22 °C. Va-t-elle diminuer encore si nous continuons à monter ? Les variations de température observées lorsqu'on s'élève dans l'atmosphère et qu'on s'éloigne de la surface terrestre *(voir la figure 28)* mettent en évidence des couches successives, aux caractéristiques différentes. Dans la basse atmosphère, la température décroît depuis la surface terrestre jusqu'à une altitude

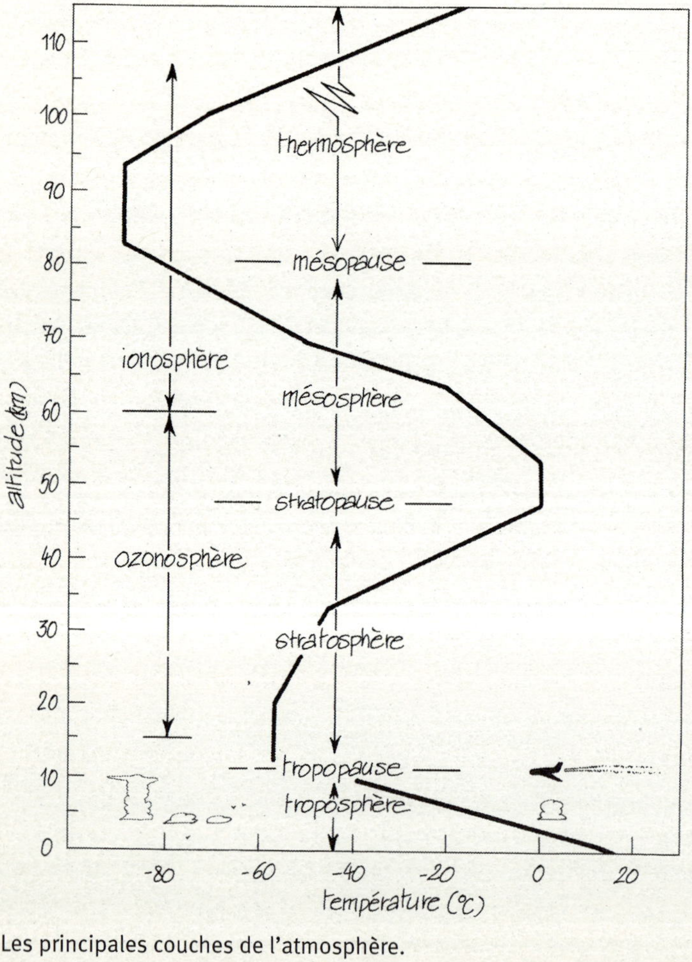

28. Les principales couches de l'atmosphère.

qui détermine la tropopause (ou sommet de la troposphère) et se situe aux environs de 11 kilomètres aux latitudes moyennes, de 5 à 6 kilomètres dans les régions polaires et de 16 à 18 kilomètres dans les régions intertropicales. Cette décroissance est due au fait que la Terre se réchauffe en absorbant les rayons du Soleil, puis réchauffe à son tour l'atmosphère. Lorsqu'on s'éloigne du sol, le taux moyen de refroidissement vertical est d'environ 6,5 °C par 1 000 mètres. Mais ce n'est qu'une moyenne : le taux réel varie selon l'altitude et la situation météorologique. Au-dessus de la tropopause, la température, qui atteint –55 à –60 °C, ne diminue plus avec l'altitude et marque le début de la stratosphère. Elle est d'abord à peu près constante puis croît jusqu'aux environs de 50 kilomètres d'altitude. Ce réchauffement est dû à la présence d'ozone atmosphérique qui absorbe l'énergie des rayonnements ultraviolets (UV) émis par le Soleil. Cette couche d'ozone, l'ozonosphère, nous protège des rayonnements UV qui favorisent l'apparition de cancers de la peau. Au-dessus de la stratosphère se trouvent la mésosphère et la thermosphère.

Comme nous le verrons dans les pages suivantes, les nuages ne se développent que dans les régions où la température de l'air diminue fortement avec l'altitude. Ainsi, dans la stratosphère, les mouvements verticaux de l'air sont fortement freinés et le sommet des nuages qui se développent dans la troposphère dépasse rarement le niveau de la tropopause. C'est donc dans la troposphère et dans la basse stratosphère que naissent la majeure partie des phénomènes météorologiques qui nous sont familiers et que se préparent les précipitations.

Comment évolue la masse volumique (masse par unité de volume) de l'air ? Nous avons vu que, pour une atmosphère à l'équilibre, la pression en un point était déterminée par le poids de l'air qui se trouve au-dessus, et que la température résultait principalement d'un transfert vertical de la chaleur émise par la surface terrestre. Appelons p sa pression, T sa température et ρ sa masse volumique. Dans les conditions atmosphériques, l'air respecte la relation $p = \rho R_a T$, où R_a est une constante caractéristique de l'air. Cette relation est la loi des gaz parfaits. La pression et la température étant déterminées par les mécanismes extérieurs mentionnés, la masse volumique doit s'adapter à leurs valeurs en respectant cette loi des gaz. Ainsi, dans l'atmosphère, la masse volumique qui avoisine 1,2 kilogramme par mètre cube au niveau de la mer, descend à environ 0,35 kilogramme par mètre cube au niveau de la tropopause : elle est divisée par 3,5 sur une distance verticale de près de 11 kilomètres.

Mouvements verticaux, théorie de la parcelle

Dans l'atmosphère, la majeure partie de l'humidité se trouvant près du sol, les précipitations les plus intenses se forment lorsque l'air qui provient des plus basses couches est soulevé jusqu'à former des nuages. Quelles forces reçoit un volume d'air soulevé dans l'atmosphère ? Comment varient sa température et son humidité ? Quels sont les freins et les accélérations reçus ?

Calculées sur une grande échelle, dans l'atmosphère, les vitesses moyennes du vent horizontal sont de l'ordre de 30 à 40 kilomètres par heure, alors que les vitesses verticales moyennes sont bien plus faibles : elles se limitent le plus souvent à quelques centaines de mètres à l'heure. Mais localement, sous l'effet de reliefs ou en présence de fortes différences de densité entre des volumes d'air proches, les vitesses verticales peuvent devenir aussi intenses que les vitesses horizontales. Pour caractériser les mouvements verticaux, nous parlerons de convection. Ce mécanisme est un important moyen de transport d'énergie entre la surface terrestre et l'ensemble de la troposphère.

Pour représenter les mouvements verticaux de l'atmosphère, considérons un volume d'air humide près de la surface terrestre, que nous appellerons parcelle, et étudions les transformations que l'air de cette parcelle subit lorsqu'elle est soulevée dans l'atmosphère *(voir la figure 29)*. Pendant son déplacement, la parcelle échange peu d'énergie avec son environnement. En première approximation, on pourra considérer que les transformations subies se font

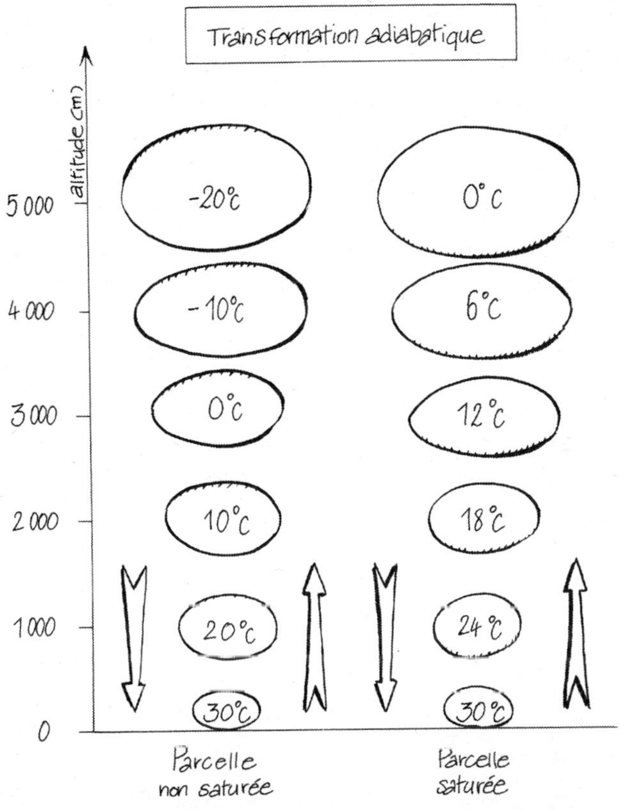

29. Variations de température subies par deux parcelles d'air qui s'élèvent, sans échange avec le milieu extérieur (processus adiabatiques). À droite, la parcelle contient trop peu d'humidité pour que la condensation démarre et la température décroît rapidement (processus adiabatique sec). À gauche, la parcelle contient assez d'humidité pour qu'une partie de la vapeur condense et libère de la chaleur latente (processus adiabatique saturé) : son refroidissement est alors moins rapide.

sans échange de chaleur avec le milieu extérieur (on dira alors qu'elles sont adiabatiques). En fait, l'air se comporte à peu près comme s'il était enfermé dans une enveloppe parfaitement élastique et imperméable à la chaleur, mais permettant à la pression interne de s'ajuster instantanément à la pression de l'air environnant.

Lorsque l'altitude augmente, la pression extérieure diminue, et l'air de la parcelle se détend pour occuper un volume de plus en plus grand. Selon la loi des gaz parfaits, dans les transformations adiabatiques, cette augmentation de volume se traduit par une diminution simultanée de la température et de la masse volumique : l'air devient à la fois plus froid et plus léger. Le refroidissement s'accompagne d'une augmentation de l'humidité relative de l'air de la parcelle. Tant qu'il est sous-saturé (humidité relative inférieure à 100 %), la température diminue de 10 °C par 1 000 mètres de soulèvement vertical. Ce taux de variation de la température avec l'altitude est dénommé gradient adiabatique sec.

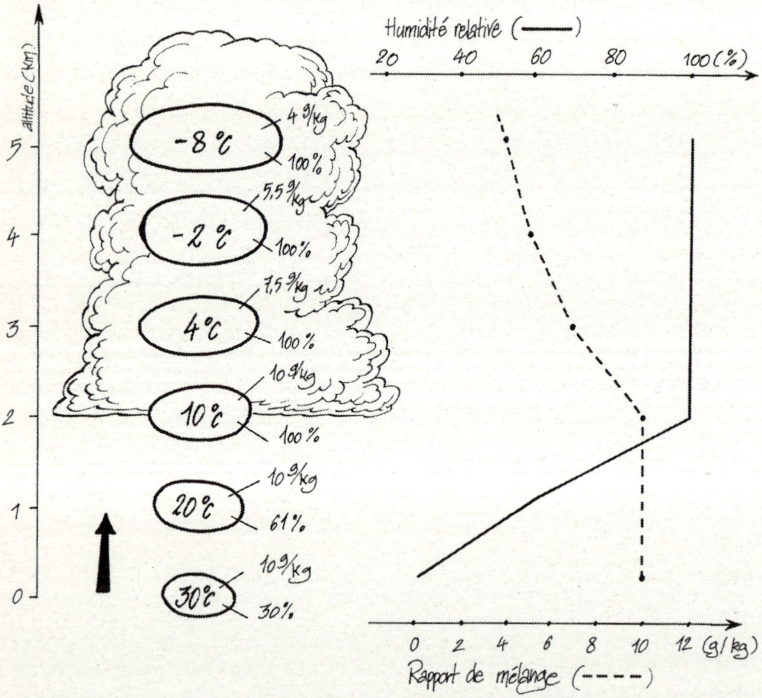

30. Formation d'un nuage. Sous la base du nuage, durant un processus adiabatique sec, l'air refroidit de 10 °C par kilomètre et l'humidité relative augmente. Dans le nuage, l'air est saturé, et le refroidissement n'est plus que d'environ 6 °C par kilomètre, tandis que le rapport de mélange diminue.

Remarquons que dans les évolutions mentionnées ci-dessus, si l'humidité relative de la parcelle augmente, son rapport de mélange en vapeur reste constant, car le nombre de molécules de vapeur et le nombre de molécules d'air sec qu'elle contient ne varient pas (*voir la figure 30*).

Les transformations décrites ici sont symétriques. Si l'on fait redescendre la parcelle d'air sous-saturée, la pression rencontrée augmente, son volume se réduit pendant que sa température augmente de 10 °C tous les 1 000 mètres d'affaissement et que son humidité relative diminue.

Supposons maintenant que notre parcelle monte suffisamment haut pour que l'humidité relative dépasse 100 %. L'air de la parcelle est sursaturé et la condensation d'une partie de la vapeur pourra démarrer dès que des noyaux de condensation deviendront actifs et permettront à des gouttelettes de se former. Tant que les noyaux sont peu nombreux, le transfert des molécules de la vapeur vers le liquide est limité et l'humidité relative continue d'augmenter. Quand les gouttelettes sont devenues suffisamment grosses et nombreuses, cette humidité relative reprend une valeur proche de 100 % qu'elle conservera pendant le reste de l'ascension. Le maximum est donc atteint quelques mètres au-dessus de la base du nuage. Sa valeur ne dépasse jamais 106 ou 107 %.

Au cours du processus de condensation, la vapeur perd des molécules au bénéfice des gouttelettes. Ce changement d'état s'accompagne d'une forte libération de chaleur (la condensation d'un gramme de vapeur réchauffe un kilogramme d'air de 2,5 °C), si bien que, lors de son ascension, la parcelle saturée se refroidit moins qu'une parcelle non saturée. Son refroidissement sera compris entre 4 °C par 1 000 mètres (air très chaud possédant beaucoup de vapeur à condenser) et 9 °C par 1 000 mètres (air très froid). Nous considérerons par la suite que le refroidissement moyen d'une parcelle saturée est de 6 °C par 1 000 mètres de soulèvement vertical. Ce taux de variation de la température avec l'altitude est dénommé gradient adiabatique saturé.

Dans les régions où la température est inférieure à 0 °C, le taux de refroidissement de notre parcelle avec l'altitude peut être légèrement réduit grâce à un complément de chaleur apporté à l'air par la congélation de certaines gouttelettes ou la condensation solide d'une partie de la vapeur.

Stabilité et instabilités de l'atmosphère

Parfois, les nuages sont épais, alors que, dans d'autres situations, malgré la présence d'air chaud et humide, ils ont du mal à se former et à fournir des précipitations. Pourquoi une telle différence ?

On l'observe dans les cheminées des maisons ou des usines comme dans le fonctionnement des montgolfières : l'air d'une parcelle tend à monter s'il est plus chaud que l'air qui l'environne. Est-ce à dire que l'air chaud est systématiquement plus léger que l'air froid ? Quels paramètres règlent la masse volumique des parcelles d'air et leur aptitude à être facilement soulevées dans l'atmosphère ?

Une parcelle d'air atmosphérique contient non seulement de l'air sec, mais aussi des quantités variables de vapeur d'eau et parfois des gouttes d'eau liquide et des cristaux de glace. Le calcul correct de son poids ou de sa masse volumique nécessite de prendre en compte tous ces éléments. Cependant, la masse de l'eau contenue étant bien plus faible que celle de l'air sec, il est souvent commode de la négliger et de ne prendre en compte que la masse de l'air sec. Dans ces conditions, à une pression donnée, la masse volumique de

Équilibre stable — Équilibre indifférent — Équilibre instable

la parcelle (comme la masse volumique de l'air sec) devient une fonction inverse de la température : elle diminue quand la température augmente et augmente quand la température diminue. L'air chaud est alors moins dense que l'air froid : nous dirons que l'air chaud est plus léger que l'air froid, même si ce n'est pas toujours le cas si nous tenons compte du poids de la vapeur et de l'eau condensée *(voir les encadrés « Poids et mesures », à la fin de ce chapitre)*.

Suivant la variation verticale de sa température, l'atmosphère peut être stable pour les déplacements verticaux, instable, ou instable sous certaines conditions préalables. La stabilité verticale de l'atmosphère influence fortement le temps qu'il fait. Dans une atmosphère stable, tout mouvement vertical de l'air est freiné, et les nuages ont du mal à se développer, alors que dans une atmosphère instable, les mouvements verticaux sont amplifiés et le développement des nuages et des précipitations est facilité.

Prenons l'exemple d'une bille placée en équilibre dans différents environnements *(voir la figure 31)*. Si on la déplace légèrement de sa position d'équilibre, son comportement ultérieur dépend des caractéristiques de son environnement. Dans le cas d'un équilibre stable, si la bille est déplacée, les forces de gravité la ramènent vers le bas, vers sa position d'équilibre initiale. Si l'équilibre est indifférent, la bille trouve un nouvel état d'équilibre à une autre place qu'à sa position initiale. Pour un équilibre instable, les forces de gravité poussent la bille à descendre davantage et l'éloignent de

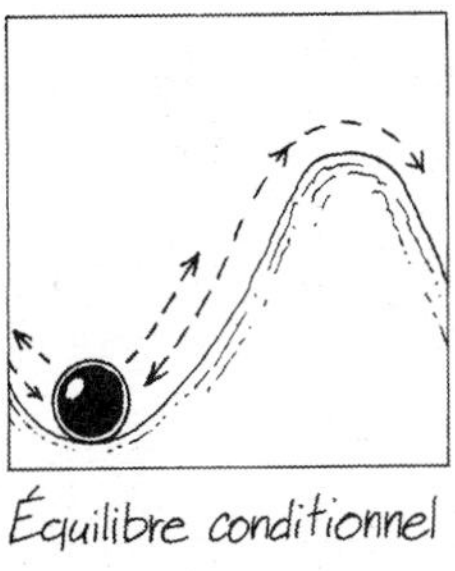

31. Les différents états d'équilibre. L'équilibre d'un système est stable lorsque le système y retourne quand on l'en écarte. Il est indifférent si le système trouve un nouvel équilibre quand on le déplace. Il est instable si le système s'en éloigne au moindre écart. Enfin, un équilibre est conditionnel lorsqu'il est stable pour un certain déplacement et instable au-delà d'une limite.

sa position initiale. Elle ne trouve plus de position d'équilibre. Enfin, dans le cas d'un équilibre conditionnel, soit le déplacement n'est pas suffisant pour amener la bille jusqu'au sommet de la bosse, et elle revient vers sa position initiale sous l'effet des forces de gravité (stabilité), soit le déplacement est suffisant et la bille dépasse le sommet puis s'éloigne indéfiniment de sa position d'équilibre (instabilité). Dans ce cas, l'instabilité est déclenchée si la condition « dépassement du sommet » est remplie.

Revenons à l'atmosphère et considérons maintenant une parcelle d'air immobile, en équilibre avec son environnement, et supposons qu'on la déplace vers le haut où la pression est plus faible et où l'air est plus froid et moins dense. Ce déplacement vertical modifie sa pression, sa température et sa masse volumique. La parcelle reçoit une poussée vers le haut égale au poids de l'air qu'elle déplace : c'est la poussée d'Archimède. Cet air étant moins dense que celui de la parcelle, la poussée d'Archimède est inférieure au poids de la parcelle. En l'absence de forces contraires, la parcelle redescend. Si toute parcelle éloignée verticalement, vers le haut ou vers le bas, tend à revenir à son niveau initial, l'atmosphère est stable pour la convection et s'oppose aux mouvements verticaux. Si, au contraire, l'air soulevé devient moins dense que son nouvel environnement, la poussée d'Archimède est plus forte que le poids de la parcelle et incite cette dernière à poursuivre sa montée, en l'éloignant encore plus de sa position initiale. Une telle atmosphère est instable pour la convection et favorise les mouvements verticaux.

Dans une situation météorologique où la température de l'air varie peu avec l'altitude (typiquement, moins de 6 °C de refroidissement par 1 000 mètres), toute parcelle soulevée, qu'il y ait condensation (processus adiabatique saturé) ou non (processus adiabatique sec), deviendra plus froide et donc plus dense que son environnement. Toute parcelle abaissée devient plus chaude et donc moins dense que son environnement. Dans les deux cas, la poussée d'Archimède tend à ramener la parcelle à son niveau d'origine. On parle alors de stabilité absolue *(voir l'encadré « Trois situations atmosphériques », à la fin de ce chapitre)*. Dans une atmosphère absolument stable, les courants ascendants n'existent qu'aux endroits où l'air est forcé vers le haut par un mécanisme dynamique. Des nuages se forment si l'air parvient malgré tout à monter au-dessus de son niveau de condensation. Les vitesses verticales étant généralement faibles et ne dépassant pas quelques centimètres par seconde, les nuages sont peu épais et ont tendance à s'étaler sous forme de voiles tels les stratus, les altostratus et les cirrostratus, ou à prendre la forme de lentilles.

Au contraire, si la température de l'air environnant diminue rapidement avec l'altitude (typiquement, plus de 10 °C de refroidissement par 1 000 mètres), toute parcelle soulevée deviendra plus chaude et donc moins dense que son environnement, toute parcelle abaissée deviendra plus froide et donc plus dense. La poussée d'Archimède agit alors pour les éloigner encore de leur position d'origine. On est dans une situation d'instabilité absolue. L'atmosphère n'est stable ni pour une parcelle suivant un processus adiabatique sec, ni pour une parcelle suivant un processus adiabatique saturé. Dans une telle atmosphère, les courants ascendants peuvent démarrer spontanément et atteindre des vitesses verticales de quelques mètres à quelques dizaines de mètres par seconde. Les nuages qui se développent dans ces situations sont généralement des nuages épais, tels que les cumulus ou les cumulonimbus.

Il arrive aussi que l'atmosphère soit stable pour le déplacement vertical d'une parcelle sèche, mais instable pour celui d'une parcelle saturée : c'est l'instabilité conditionnelle. Dans ce cas, la convection a du mal à démarrer dans les basses couches non saturées de l'atmosphère. En revanche, si, malgré ce frein, une parcelle est soulevée jusqu'au niveau de déclenchement de l'instabilité, des nuages épais se développent.

Dans certaines situations, une atmosphère absolument stable pour le déplacement vertical d'une parcelle d'air peut cependant devenir instable par les effets d'un soulèvement en bloc. On parle alors d'instabilité potentielle. Cela se produit lorsque l'humidité varie beaucoup avec l'altitude. En effet, supposons que la base de la couche soit saturée et que le sommet soit sec : lors du soulèvement en bloc de la masse d'air, l'air de la base suit un gradient adiabatique saturé et se refroidit d'environ 6 °C par 1 000 mètres, alors que l'air du sommet suit un gradient adiabatique sec et se refroidit de près de 10 °C par 1 000 mètres. Le sommet se refroidissant bien plus vite que la base, le gradient vertical de température de la masse d'air augmente. Ce mécanisme est susceptible de transformer rapidement une atmosphère stable en une atmosphère absolument instable.

Les instabilités que nous venons de décrire ne sont pas les seules possibles dans l'atmosphère à petites et moyennes échelles (inférieures à 100 ou 200 kilomètres). Il existe d'autres types d'instabilité : l'instabilité symétrique, déclenchée lorsque l'air est soulevé le long d'une trajectoire fortement inclinée, ou l'instabilité de Kelvin-Helmholtz, qui naît parfois à l'interface entre deux masses d'air de températures et de vitesses différentes.

Les fortes instabilités susceptibles de favoriser la convection résultent d'un déséquilibre énergétique de l'atmosphère entre les basses couches (sous un kilomètre d'altitude) et la moyenne (entre un et sept kilomètres) ou la haute troposphère (au-delà de sept kilomètres). Nous l'avons vu, les plus fortes instabilités sont caractérisées par une forte différence de température entre l'air soulevé et son environnement. Cette différence est d'autant plus marquée que l'air près du sol est chaud et humide alors qu'en altitude, l'air est froid et sec.

Ainsi, l'atmosphère est instable lorsque la température et l'humidité varient fortement avec l'altitude. La prévision du risque d'apparition de phénomènes violents devra porter sur la surveillance non seulement des augmentations rapides de la température et de l'humidité dans les basses couches de l'atmosphère (l'air qui nous environne devient de plus en plus chaud et humide), mais aussi sur celle des diminutions rapides de ces variables (l'air devient de plus en plus froid et sec) dans la moyenne et dans la haute troposphère.

Les raisons principales d'un réchauffement et/ou d'une humidification de l'air des basses couches sont un fort rayonnement solaire les jours de ciel clair, le déplacement d'une épaisse masse d'air froid sur une surface chaude et humide, ou l'arrivée dans les basses couches d'une poche d'air chaud et humide d'épaisseur limitée.

Un refroidissement de la moyenne et haute troposphère est causé par l'arrivée en altitude d'une poche d'air froid et sec poussée par le vent ou bien par le rayonnement infrarouge vers l'espace interstellaire de l'atmosphère et des nuages.

La génération de courants ascendants

Toute parcelle d'air soulevée est freinée si les conditions atmosphériques sont stables, ou accélérée si les conditions sont instables. Le soulèvement d'une parcelle d'air peut l'amener à saturation et déclencher de l'instabilité dans une situation d'instabilité conditionnelle. Dans le cas d'instabilité potentielle, le soulèvement d'une masse d'air stable peut la rendre instable et favoriser la convection. Mais qu'est-ce qui fait monter l'air ? Qu'est-ce qui permet à la convection de démarrer ?

S'il est réchauffé par une source de chaleur extérieure et devient plus léger que son environnement, l'air monte spontanément : on parle alors de convection libre. L'accélération verticale qui résulte d'un écart de température est forte. S'il est maintenu pendant plusieurs minutes, un écart de seulement 1 °C entre une parcelle d'air et son environnement suffit à créer une augmentation de la vitesse verticale de plusieurs mètres par seconde.

L'air monte aussi lorsqu'il rencontre les pentes d'un relief ou d'une barrière montagneuse, la surface d'un front chaud ou d'un front froid, ou les régions de convergence des vents de surface. La raison du soulèvement initial est alors d'origine dynamique (transformation de mouvement horizontal en mouvement vertical) : on parle alors de convection forcée.

Détaillons maintenant ces types de convection. Si la pellicule d'air qui recouvre le sol est plus froide que ce dernier, elle s'échauffe par conduction. Les molécules d'air gagnent de l'énergie et s'agitent plus rapidement. Lorsqu'elles entrent en collision avec d'autres molécules d'air, elles leur transmettent une partie de cette énergie et réchauffent ainsi les couches supérieures. Mais l'air est un mauvais conducteur de chaleur, ce mécanisme est donc lent et pourrait ne pas avoir d'effet au-delà de quelques centimètres au-dessus du sol. La convection prend alors le relais. Comme l'air réchauffé se détend rapidement pour occuper plus de volume, il devient moins dense que l'air qui l'entoure. Répondant à la poussée d'Archimède, l'air le plus léger monte et de l'air plus dense descend pour le remplacer. Une circulation se met ainsi en place et permet à la fois le réchauffement des couches plus élevées de l'atmosphère et le refroidissement des couches les plus basses. Ce type de circulation existe chaque fois qu'un fluide est réchauffé par le bas ou refroidi par le haut, ou chaque fois que des parcelles de fluide sont potentiellement plus lourdes que celles situées au-dessous d'elles. Il se produit dans n'importe quelle pièce chauffée, où il assure la répartition de la chaleur dans l'ensemble du volume accessible. Les cellules de Bénard qui naissent dans une casserole d'eau chauffée par le fond sont un exemple de mouvement convectif *(voir la figure 32)* : à

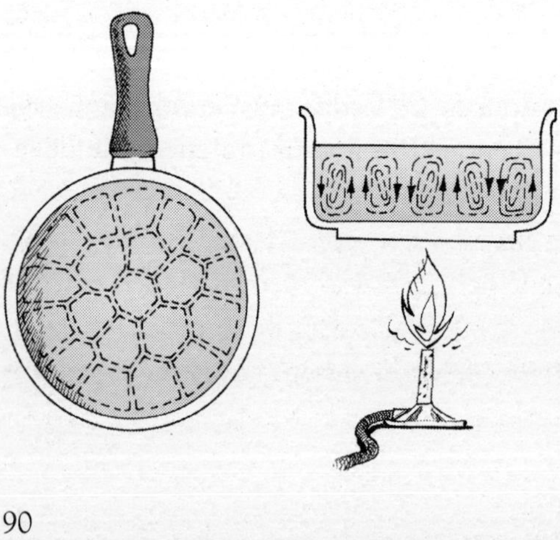

32. Les cellules de Bénard. Dans l'eau d'une casserole chauffée par le fond, des mouvements de convection, où l'eau chaude monte et l'eau plus froide redescend, s'organisent en cellules polygonales.

partir d'une certaine température, on observe une juxtaposition de cellules polygonales. Les zones d'ascendance se trouvent à la périphérie des cellules alors que les courants descendants se trouvent au centre. D'un avion ou d'un satellite, on observe fréquemment des champs de nuages organisés en cellules de Bénard.

Le développement de la convection libre est fréquent les jours de beau temps : le rayonnement solaire traverse l'atmosphère en étant assez peu absorbé, et atteint la surface terrestre qu'il réchauffe abondamment. Cependant, la convection libre se développe aussi la nuit, ou les jours de mauvais temps, lorsque de l'air froid arrive sur une surface chaude.

Lorsque l'humidité de l'air est insuffisante, il n'y a pas de formation de nuages qui permettrait de visualiser ce phénomène. On devine néanmoins de tels courants en observant les oiseaux ou les planeurs qui profitent de leur présence pour rester en l'air, parfois pendant plusieurs heures. Ces cheminées ascendantes, ou « thermiques », ont un diamètre de quelques centaines de mètres et des vitesses verticales qui avoisinent deux mètres par seconde. Leur sommet se situe entre quelques centaines de mètres et deux kilomètres de hauteur.

Si l'air est suffisamment humide pour atteindre son niveau de saturation pendant l'ascension, on observe de petits cumulus au sommet des cheminées thermiques. La condensation de l'eau renforce la convection en réchauffant l'air des parcelles. La couche d'arrêt et le sommet des cumulus sont alors déplacés jusqu'à une plus haute altitude. En dessous de 0 °C, la congélation qui dégage un supplément de chaleur peut suffire à accroître encore le développement vertical des nuages formés.

Les brises sont un autre type de convection d'origine thermique. Elles se développent partout où existent des changements importants de température de surface : contrastes entre sol et surface d'eau, couverture végétale et sol nu, versant ensoleillé et versant à l'ombre, etc. Les plus connues sont les brises de mer et les brises

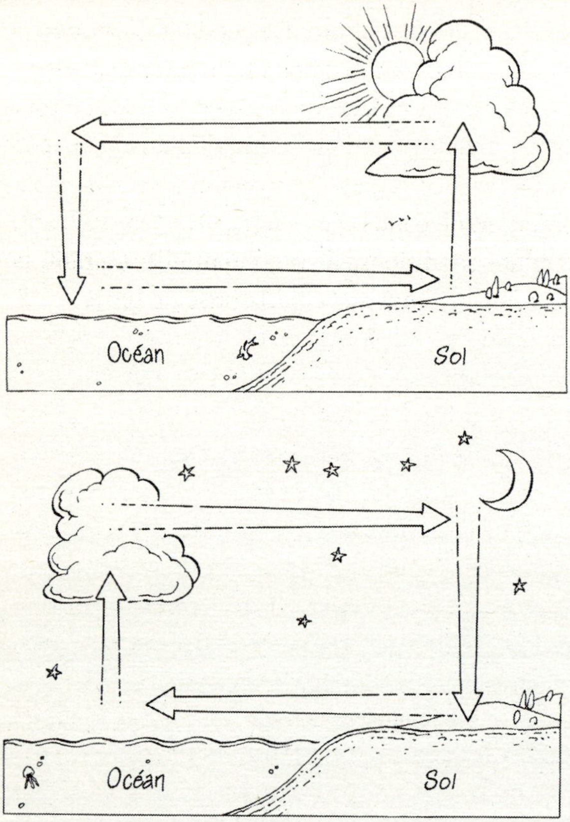

33. Brise de mer : pendant les journées ensoleillées, le vent souffle de la mer vers la terre, et les nuages sont au-dessus des sols. Brise de terre : la nuit, la terre rayonne et se refroidit plus rapidement que la surface de l'océan. Le vent souffle alors de la terre vers la mer, et des nuages se forment au-dessus de l'océan.

de terre qui soufflent sur les régions côtières, les brises de lac, les brises de montagne ou de vallée. Prenons le cas de la brise de mer (*voir la figure 33a*). Pendant une journée ensoleillée, l'échauffement solaire des terres provoque un allégement de l'air et une diminution de la pression atmosphérique au-dessus du sol. Au-dessus de la mer plus froide, l'air est plus dense et la pression est plus forte. Cette différence de pression engendre, près du sol, un vent venant de la mer.

Au-dessus des terres, l'air plus chaud monte, pendant qu'au-dessus de la mer, l'air plus froid et plus dense descend. En altitude, la boucle est fermée par de l'air qui souffle des terres vers la mer. Le tout donne naissance à une circulation de l'air autour d'un tube aligné le long de la côte. Si l'ascendance dépasse le niveau de condensation, elle provoque la formation de bandes de nuages, et, le cas échéant, déclenche une instabilité conditionnelle ou potentielle. La nuit, la boucle de circulation de l'air s'inverse : c'est la brise de terre.

La convection forcée est illustrée par les soulèvements d'air provoqués par les reliefs *(voir la figure 34)*. Lorsque le vent rencontre une colline, une montagne ou un massif montagneux, il peut contourner l'obstacle ou bien passer par dessus. Le choix dépend à la fois de la largeur et de la hauteur de l'obstacle à franchir ainsi que de la stabilité de l'air. Si tout ou partie de l'air parvient à passer par dessus, des nuages peuvent se former. La forme de ces derniers dépend de la hauteur du soulèvement, de l'altitude du niveau de condensation et de la stabilité de l'air. C'est la convection forcée qui permet aux parapentes de prendre de l'altitude.

Quand l'atmosphère est stable ou que le niveau d'instabilité n'est pas atteint *(voir la figure 34a)*, l'air arrivé au sommet de la

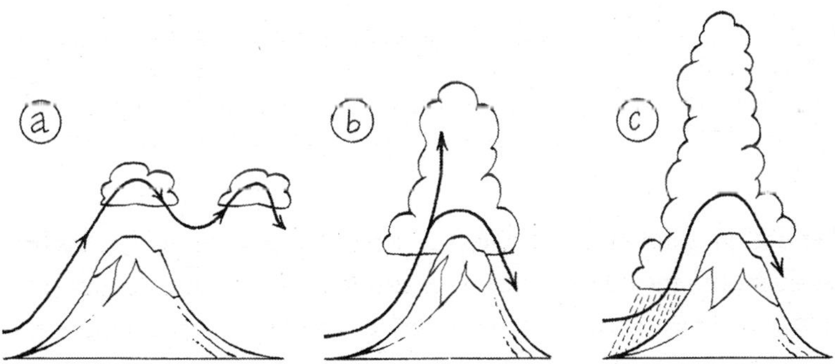

34. Nuages des régions montagneuses, observés lorsque l'atmosphère est stable *(a)* ou instable (*b* et *c*). Lorsque des précipitations se forment *(c)*, l'air est plus sec sur le versant protégé du vent, et les bases des nuages y sont plus hautes que sur le versant exposé.

trajectoire qui lui a été imposée par le relief se retrouve plus froid que son environnement. Il va donc redescendre sous le vent de la montagne (côté de la montagne protégé du vent) où il crée une série d'ondes avant de se stabiliser à son niveau d'équilibre. L'onde peut se développer sur plusieurs centaines de kilomètres sous le vent du relief. L'air se refroidit lorsqu'il monte et se réchauffe lorsqu'il descend. Si le soulèvement est suffisant pour atteindre le niveau de condensation, des nuages apparaissent en forme de rouleaux, de soucoupes volantes ou de lentilles (altocumulus lenticularis). Rarement accompagnés de précipitations, ces nuages atteignent des altitudes variées, parfois jusque dans la stratosphère. Ils signalent la présence de vents forts en altitude et de turbulence parfois sévère, en particulier sur le côté de la montagne qui n'est pas directement exposé au vent (versant sous le vent) où l'on rencontre de violents rotors et des vents rabattants, dangereux pour l'aviation.

Dans une atmosphère en instabilité conditionnelle ou en instabilité potentielle, le soulèvement peut être suffisant pour déclencher l'instabilité et donner naissance à des nuages convectifs développés *(voir la figure 34b)*. Lorsque le niveau de condensation est suffisamment bas pour que les nuages forment des précipitations sur le côté de la montagne directement exposé au vent (versant au vent), l'air réchauffé pendant la condensation de la vapeur perd une partie de son eau dans les précipitations *(voir la figure 34c)*. Quand il redescend sur le versant opposé, le reste de l'eau condensée est vite évaporé et l'air doit poursuivre sa descente suivant un processus adiabatique sec. En absence de particules d'eau liquide ou de glace à évaporer pour limiter son réchauffement, il devient rapidement plus chaud et plus sec. Ce mécanisme renforce les effets de sillage qui se produisent derrière la montagne (effet de fœhn). Ils créent un microclimat chaud, sec et ensoleillé, typique de régions telles que l'Alsace ou la Cerdagne et le pied des Pyrénées, et la plupart des régions protégées des vents dominants par un important massif montagneux.

Le soulèvement peut aussi être forcé le long d'une surface frontale. Un front est une zone de transition entre deux masses d'air de température et d'humidité différentes comme on en observe aux latitudes tempérées pendant les six ou huit mois les plus froids de l'année. Les fronts sont associés à la circulation de l'air autour des dépressions et des anticyclones. Typiquement, ils s'étalent sur des distances de 1 000 à 2 000 kilomètres et se déplacent d'ouest en est, un front chaud précédant un front froid. Si, au sol, la limite entre l'air chaud et l'air froid se déplace vers l'air froid, la zone de transition a une pente douce (1/500 en moyenne). On l'appelle front chaud parce qu'un observateur au sol se trouve d'abord dans l'air froid et que le passage au sol de la zone de transition marque pour lui l'arrivée de l'air chaud. Au contraire, si au sol la limite entre l'air chaud et l'air froid se déplace vers l'air chaud, la zone de transition a une pente plus marquée (1/50 en moyenne). On l'appelle alors front froid car un observateur au sol se trouve d'abord dans l'air chaud et la zone de transition lui apporte de l'air froid.

Quand les vents poussent les deux masses d'air l'une vers l'autre, l'air chaud plus léger passe au-dessus de l'air froid et prend de l'altitude. Si le soulèvement est suffisant pour permettre à l'air chaud de dépasser le niveau de condensation, des nuages se forment le long de la surface frontale *(voir la figure 35)*. Leur type dépend de la stabilité qui existe dans la masse d'air chaud et de leur altitude. Du fait de la différence de pente, les vitesses ascendantes sont bien plus fortes le long des fronts froids que des fronts chauds. Supposons un vent horizontal qui pousse l'air chaud vers l'air froid à 50 kilomètres par heure : dans le cas du front chaud, avec une pente de 1/500, le soulèvement moyen sera d'environ 0,1 kilomètre par heure ou 3 centimètres par seconde ; dans le cas du front froid, avec une pente de 1/50, il sera d'environ 1 kilomètre par heure ou 30 centimètres par seconde. Ces soulèvements paraissent faibles mais ne restent pas sans conséquences : ils peuvent persister plusieurs heures et élever l'air des basses couches de plusieurs kilomètres.

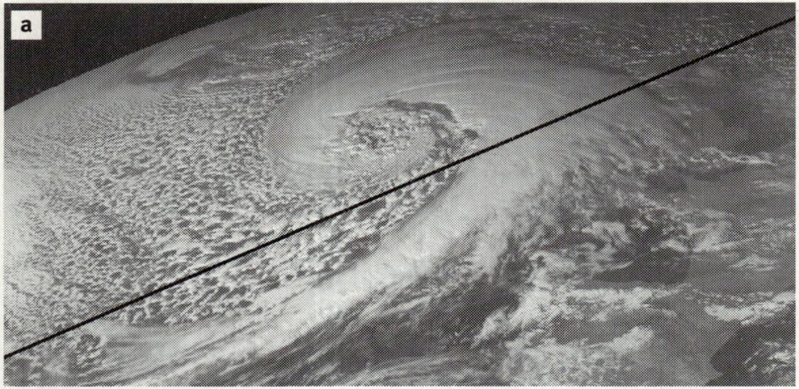

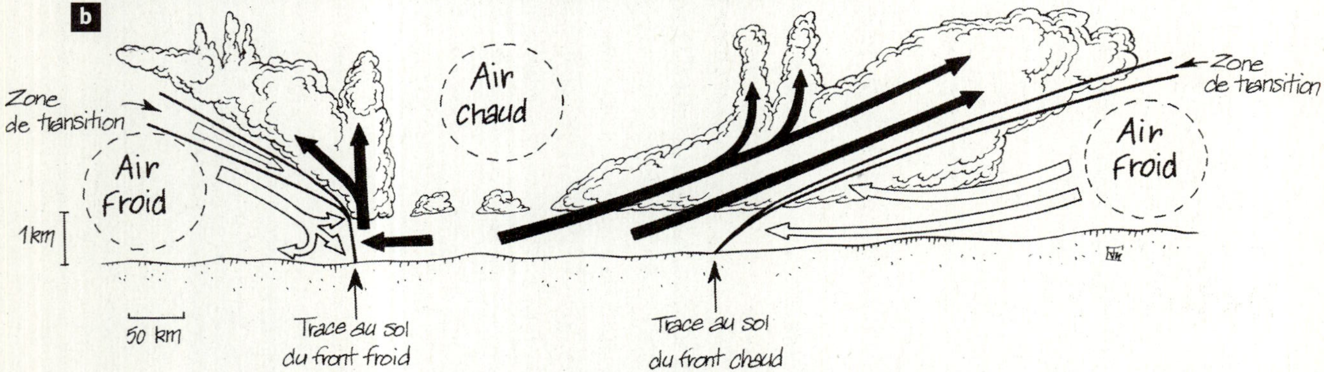

35. Perturbation frontale observée par Météosat au-dessus de l'Atlantique Est *(a)* et représentée suivant une coupe verticale *(b)*. Les flèches épaisses et noires représentent les courants d'air chaud, les flèches épaisses et blanches représentent les courants d'air froid.

D'autres situations donnent naissance à des soulèvements forcés de l'air et favorisent la formation de nuages. Nous allons en voir trois. La première est associée à la présence près du sol de zones de convergence où l'air n'a d'autre possibilité que de monter. Ainsi, les circulations de grande échelle engendrent parfois des ascendances de quelques centimètres par seconde couvrant de vastes régions et perdurant plusieurs dizaines d'heures. À plus petite échelle, des convergences peuvent apparaître dans les resserrements entre deux reliefs importants (cols, vallées, passages entre deux îles proches, etc.) ou dans les régions de forte variation de la rugosité du sol (régions côtières, orées des bois, etc.). Ainsi, lorsque de l'air marin est freiné dans sa course en arrivant sur la côte, il est rattrapé et poussé par l'air qui arrive derrière lui, créant ainsi des conditions propices au soulèvement vertical de l'air et à la formation des nuages sur les régions côtières.

La deuxième situation est la présence de courants formés par l'air froid descendant les vallées ou engendrés par des orages. Ces courants froids, dits de densité, parcourent parfois de longues distances et proviennent d'orages qui ont sévi au loin, plusieurs heures voire plusieurs dizaines d'heures plus tôt. Lorsqu'ils entrent en contact avec une masse d'air chaud et humide, ils créent une zone de convergence et de fortes variations de température, propice au soulèvement d'une partie de l'air chaud.

La troisième situation est la propagation d'ondes, dites de gravité, produites par les montagnes ou par les nuages. Soulevé le long d'un relief important ou sous l'effet d'une instabilité, l'air en mouvement déplace brutalement l'air qui se trouve sur sa trajectoire et crée des ondes comme le ferait une pierre jetée dans une mare d'eau calme. En se propageant horizontalement, ces ondes perturbent l'environnement, parfois loin du lieu où elles ont été produites. Elles provoquent des mouvements verticaux successivement ascendants et descendants qui suffisent à déclencher une instabilité potentielle ou conditionnelle.

Les raisons du soulèvement d'une parcelle ou d'une masse d'air et du déclenchement d'une instabilité latente sont multiples et d'échelles variées. Il est impossible de toutes les représenter dans un modèle de simulation de l'atmosphère, et il n'est pas toujours facile de prédire quels éléments auront réellement un effet. Ainsi, l'instant et le lieu exact de démarrage de la convection sont deux paramètres qu'il est difficile, voire impossible de déterminer, même s'il ne faut pas être devin pour prévoir que les lieux les plus concernés et les plus arrosés seront les régions côtières et les régions montagneuses.

Énergies disponibles et sommet des nuages

Une fois les mécanismes enclenchés, où vont-ils s'arrêter ? Quelle sera l'épaisseur des nuages ainsi formés ?

En déterminant le niveau de condensation, on obtient l'altitude de la base des nuages avec une assez bonne précision. Il est plus difficile d'évaluer l'altitude de leurs sommets. Lorsque nous observons un champ de gros cumulus, nous réalisons que chaque nuage se comporte différemment des autres et que les sommets atteignent des altitudes variées. Tout au plus, pourrons-nous essayer d'évaluer l'altitude d'un sommet moyen et celle d'un sommet maximum.

La théorie adiabatique *(voir l'encadré « La base et le sommet des nuages », à la fin de ce chapitre)* fournit une description simple des mécanismes prépondérants. Mais elle est approximative et ignore volontairement certains processus tels que les échanges de la parcelle avec son environnement, le poids de l'eau condensée, le rayonnement, la présence autour des nuages de courants descendants… Autant d'éléments qui, même s'ils jouent un rôle secondaire, ont un impact important dans certaines conditions. Pour tenir compte de ces éléments, on obtient une bonne indication quand on postule qu'en moyenne le sommet des nuages les plus élevés frôlera le niveau d'équilibre, où la température de la parcelle est égale à celle de son environnement. Cependant, les orages les plus violents tirent profit de toute l'énergie disponible pour atteindre leur plein développement ; et même si ce potentiel est rarement entièrement utilisé, c'est bien le niveau maximum déterminé à partir de la théorie adiabatique qu'il faudra prendre en considération pour évaluer les risques associés à une situation donnée.

Pourquoi les nuages ne tombent pas ?

Observons des petits cumulus, présents dans le ciel par beau temps *(voir la figure 36)*. Ils sont essentiellement composés d'air, de vapeur d'eau et de gouttelettes d'eau liquide. Pourtant, leurs contours restent nets, comme si les gouttelettes étaient bloquées à l'intérieur du nuage. Ils pèsent lourd : le poids d'un million de voitures. Pourtant, ils restent suspendus dans le ciel, et semblent plus légers que le papillon ou la libellule. Qu'est-ce qui assure la cohésion des nuages ? Sont-ils simplement suspendus en l'air par les courants ascendants comme on le lit parfois dans les livres ? Si c'était le cas, on devrait voir leurs bases changer de hauteur quand la vitesse verticale de l'air change. Or, la base des nuages reste à un niveau relativement fixe au long de leur cycle d'existence.

36. Contours de différents types de nuages.

Prenons l'exemple du nuage lenticulaire qui se développe dans les ondes engendrées lors d'un soulèvement d'air par un relief. Dans la partie du nuage exposée au vent, le courant est ascendant, dans la partie sous le vent, il est descendant. Pourtant, la base du nuage reste fixe et se trouve partout au même niveau, que l'air monte ou qu'il descende. Le niveau de la base correspond à la transition entre l'air sous-saturé qui est sous le nuage et l'air sursaturé du nuage. La base du nuage ne descend pas ni ne monte, car elle est déterminée non pas par le mouvement des gouttes, mais par la limite entre la région sursaturée où les gouttelettes se forment et peuvent persister, et la région sous-saturée où elles s'évaporent rapidement. Cela explique aussi la cohésion des nuages de gouttelettes dont les contours restent nets, non pas parce que les gouttelettes cherchent à rester unies et se rassemblent, mais parce que celles qui sortent des limites permises s'évaporent immédiatement et disparaissent. On rencontre toutefois des exceptions lorsque le nuage contient des gouttes assez grosses pour tomber. On observe alors, sous la base des nuages, des traînées de précipitation ou, si l'air est très sec et évapore rapidement ces gouttes, des bases de nuage en forme de mamelles pendantes, dénommées mamma.

La situation est différente dans le cas des nuages composés de cristaux de glace. En effet, les cristaux ne pouvant être nucléés qu'en présence de fortes sursaturations par rapport à la glace, les régions extérieures aux nuages de cristaux ne sont pas forcément sous-saturées et la croissance des cristaux de glace se poursuit, même en dehors des limites du nuage. Cela explique pourquoi ces nuages ont souvent des bords diffus, contrairement aux nuages composés de gouttelettes qui ont des bords nets.

Éphémères gouttelettes

Lorsque nous levons les yeux vers le ciel ou quand nous regardons à la télévision, grâce aux satellites météorologiques, les systèmes nuageux se déplacer au-dessus de l'océan avant d'arriver sur nos côtes, nous imaginons que les gouttelettes composant les nuages font de longs voyages et vivent plusieurs jours avant de tomber sous forme de pluie à des milliers de kilomètres de leur point de formation. En fait, les gouttelettes ont une durée de vie limitée et même lorsqu'il dure longtemps, le nuage observé à un instant donné est constitué différemment de celui qui existait 5 ou 10 minutes plus tôt.

Pour expliquer ce phénomène, le meilleur exemple est le nuage de type lenticulaire qui se développe lorsque l'atmosphère est stable et que le vent force l'air à passer par dessus un relief *(voir la figure 37)*. L'air soulevé en arrivant sur l'obstacle contient des molécules de vapeur d'eau et des aérosols. Si le niveau de condensation est suffisamment bas pour être dépassé, l'air devient sursaturé, de la vapeur d'eau condense sur les aérosols, et un nuage de gouttelettes apparaît. Mais, une fois l'obstacle passé, l'atmosphère étant stable, l'air redescend vers son niveau d'équilibre. Lorsqu'il repasse sous le niveau de condensation, il devient sous-saturé, les gouttelettes s'évaporent et les molécules d'eau se détachent des aérosols pour

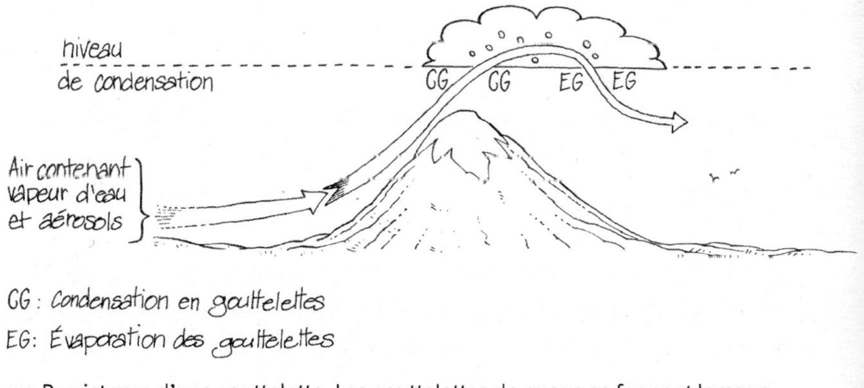

37. Persistance d'une gouttelette. Les gouttelettes de nuage se forment lorsque l'air soulevé atteint le niveau de condensation en CG, et s'évaporent dès qu'elles redescendent sous le niveau de condensation en EG. Selon la vitesse de l'air et la taille du nuage, elles persistent rarement plus de quelques minutes dans un nuage orographique et une ou deux heures dans des nuages associés à une perturbation frontale.

suivre des routes séparées. Pendant ce temps, si le soulèvement se poursuit, de l'air chargé en vapeur d'eau et en aérosols continue à atteindre le niveau de condensation et de nouvelles gouttelettes se forment. Ainsi, le nuage visible dure aussi longtemps que les conditions météorologiques restent favorables, mais les gouttelettes qui le composent n'existent que durant les quelques secondes ou minutes nécessaires à la traversée de la région sursaturée. La brièveté de ce séjour explique pourquoi les nuages lenticulaires ne fournissent que très rarement des précipitations, malgré leur présence parfois persistante dans le ciel des régions montagneuses.

Dans un nuage, la durée de vie des gouttelettes peut être écourtée, soit par évaporation sous la base ou sur les bords du nuage, soit parce qu'elles ont été collectées par d'autres gouttelettes d'eau ou par des particules de glace, soit parce que les gouttelettes sont devenues suffisamment grosses pour tomber du nuage sous forme de précipitation. Les gouttelettes ne perdurent jamais plus de quelques heures. Elles persistent quelques secondes à quelques minutes dans les nuages lenticulaires, quelques minutes à quelques dizaines de minutes dans les nuages convectifs (cumulus, cumulonimbus), et quelques heures dans les nuages en couches (stratus, stratocumulus).

Où vont les nuages ?

On observe souvent le déplacement des nuages pour essayer de déterminer la direction et la vitesse du vent en altitude. Mais les nuages se déplacent-ils vraiment avec le vent ? Reprenons l'exemple du nuage orographique. Nous avons vu que le nuage restait immobile alors que le soulèvement de l'air sur l'orographie était provoqué par un vent fort. En revanche, les gouttelettes de nuage qui se forment restent au sein du même volume d'air et se déplacent sensiblement à la vitesse de l'air qui les contient. Le vent pourrait donc être mesuré en détectant les gouttelettes à l'aide d'un radar Doppler, mais il semble évident que le nuage vu par un observateur au sol ne se déplace pas à la vitesse du vent. Avec quoi se déplace-t-il ? On pourrait penser qu'il est immobile puisqu'on ne le voit pas bouger. En fait, puisque la Terre tourne, il se déplace à la même vitesse que la montagne. De façon générale, les nuages se déplacent avec les perturbations qui alimentent la convection. Si ces sources se déplacent avec le vent, comme c'est assez souvent le cas, alors le déplacement des nuages fournit une indication sur la direction et la vitesse du vent. Sinon, ils fournissent seulement une indication sur le déplacement de la source d'instabilité qui leur donne naissance. Les deux principaux types de nuages qui ne suivent pas du tout le déplacement du vent sont les nuages orographiques qui restent au voisinage des reliefs, et les nuages d'orages les plus violents ; ces derniers ont plutôt tendance à aller à contre-courant des vents de basses couches, renforçant ainsi considérablement leur alimentation en air chaud et humide.

Poids et mesures

L'air humide est plus léger !

Contrairement à ce que l'on pense de façon intuitive, dans des conditions de température et de pression données, l'air humide (air sec et vapeur d'eau) est plus léger que l'air sec. En effet, dans un gaz presque parfait comme l'air, dans un volume donné, le nombre total de molécules dépend seulement de la pression et de la température. Ainsi, dans des conditions données de pression et de température, le nombre total de molécules est fixé. Plus l'air comporte de molécules de vapeur, moins il comporte de molécules composant l'air sec (azote, oxygène, etc.). Chaque fois que l'on ajoute une molécule de vapeur d'eau dans le volume, il faut enlever l'équivalent d'une molécule d'air sec pour que la pression reste constante. Or, à une pression atmosphérique de 1 000 hectopascals, la masse moyenne des molécules qui composent un volume de 22,4 litres (une mole) d'air sec est

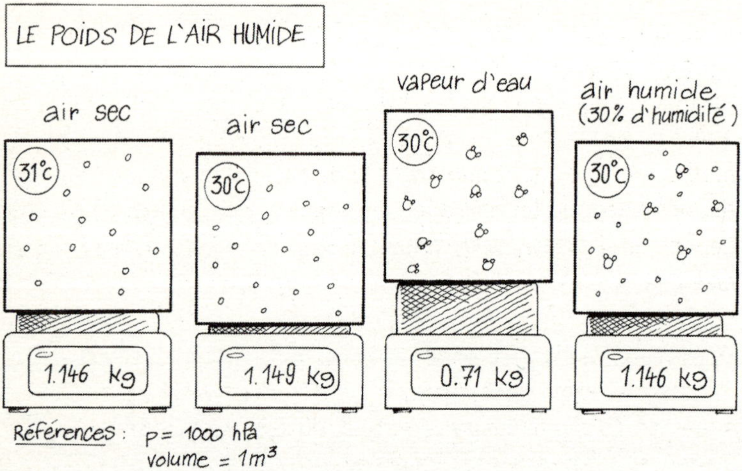

38. La masse volumique de l'air sec diminue lorsque la température augmente à pression constante (ici 1 000 hectopascals). À la même pression et à la même température, la vapeur d'eau est plus légère que l'air sec. Ainsi l'air est d'autant plus léger qu'il est humide.

d'environ 29 grammes, alors que le même volume de molécules de vapeur d'eau ne pèse que 18 grammes. À des températures voisines de 30 °C, près du niveau de la mer, la masse volumique de l'air humide diminue d'environ 0,3 % quand des molécules de vapeur remplacent des molécules d'air sec de manière à augmenter l'humidité relative de 30 % (ce qui correspond à une augmentation de plus de 8 grammes de vapeur d'eau par kilogramme d'air sec). Cette variation de la masse volumique est sensiblement identique à celle que nous aurions obtenue en réchauffant l'air de 1 °C. Les conséquences sur l'accélération verticale seront les mêmes dans les deux cas. Cette variation peut paraître faible, mais elle est suffisante pour provoquer des accélérations verticales de l'ordre de 0,03 mètre par seconde carrée, c'est-à-dire qu'elle permet à une parcelle d'air de gagner une vitesse verticale supérieure à 60 kilomètres par heure si l'écart subsiste une dizaine de minutes.

Ainsi, de même que l'air chaud est plus léger que l'air froid, l'air humide est plus léger que l'air sec. Dans l'environnement décrit plus haut, une parcelle d'air qui serait 1 °C plus chaude et 40 % plus sèche (10,7 grammes de vapeur en moins par kilogramme d'air sec) que son environnement immédiat serait plus dense que lui et subirait une poussée vers le bas. Ce n'est donc pas forcément l'air chaud qui monte, même si, dans une majorité de cas, à une altitude donnée, la température joue un rôle plus important que les autres paramètres. Cependant, l'effet de l'humidité diminue rapidement avec le contenu en vapeur d'eau et donc aussi avec la température.

Le poids de l'eau condensée

Dans un nuage, le rapport de mélange en eau condensée sous forme de gouttelettes de nuage et de cristaux de glace varie de quelques dixièmes de grammes à près de 8 ou 10 grammes par kilogramme d'air sec. Les gouttelettes et les cristaux de glace occupant une faible proportion du volume, leur présence ne réduit pas sensiblement le nombre de molécules d'air. Pour connaître le poids d'un volume d'air nuageux, il suffit donc d'ajouter le poids de l'eau condensée au poids de l'air sec et de la vapeur d'eau. L'introduction

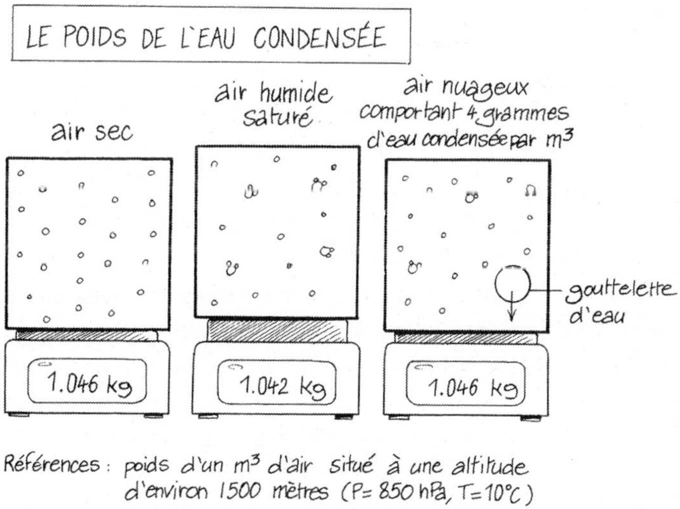

39. Le poids de l'eau condensée. Les gouttelettes d'eau des nuages et des brouillards alourdissent l'air et freinent les mouvements convectifs.

de 4 grammes d'eau condensée par kilogramme d'air sec (cas d'un gros cumulus congestus ou d'un cumulonimbus) augmentera le poids de l'air nuageux et donc sa masse volumique de 0,4 %. Nous avons vu que pour un nuage de quelques kilomètres de dimension, cela représente une masse totale de près d'un million de tonnes. Ainsi, la présence de gouttelettes ou de cristaux de glace alourdit l'air nuageux, si bien que celui-ci est accéléré vers le bas. Ce frein à la convection est compensé si l'air est plus chaud et/ou plus humide que son environnement. L'effet sur la masse volumique de la parcelle de 4 grammes d'eau condensée par kilogramme d'air sec peut être compensé par un réchauffement de 1,1 °C.

Stabilité de l'atmosphère

Trois situations atmosphériques

Comment savoir si une atmosphère est stable ou instable pour le déplacement vertical de parcelles d'air, et connaître ainsi son aptitude à favoriser le développement de nuages ou d'orages ?

Si une parcelle d'air en équilibre avec son environnement est soulevée ou abaissée verticalement, sa température est modifiée, ce qui peut remettre en cause son équilibre. Trois possibilités se présentent alors : si aucune force ne tend à l'éloigner de sa nouvelle position et qu'elle trouve un nouvel équilibre, l'atmosphère est neutre pour les déplacements verticaux ; si, au contraire, les forces rencontrées tendent à la faire revenir vers sa position initiale, l'atmosphère est stable pour les déplacements verticaux ; et si les forces rencontrées tendent à l'éloigner encore plus de sa position initiale, l'atmosphère est instable pour les déplacements verticaux.

Supposons que dans trois situations de stabilités différentes, nous ayons mesuré la température de l'air à plusieurs altitudes à l'aide de radiosondages, et que nous reportions les valeurs de chaque situation (courbes en trait épais, notées « Environnement ») sur trois graphiques *(voir la figure 40)*. Dans chacune de ces atmosphères, prenons une parcelle d'air à 2 300 mètres d'altitude dont la température a été repérée sur les graphiques par le point P. Si l'air de la parcelle n'est pas saturé, lors d'un déplacement, il se refroidit d'environ 10 °C quand l'altitude augmente de 1 000 mètres (gradient adiabatique sec, représenté sur les graphiques par un trait plein fin) ; s'il est saturé, il se refroidit de seulement 6 °C pour la même variation d'altitude (gradient adiabatique saturé, représenté par un trait pointillé).

Première situation

Dans le cas de l'atmosphère représentée en *a*, nous voyons que si nous soulevons légèrement une parcelle d'air non saturé, sa température située en P suit la flèche D1 et se retrouve à gauche de la courbe des températures de l'environnement, donc plus froide que celui-ci. En absence de forces contraires, la parcelle est alors forcée à redescendre vers sa position initiale par la poussée d'Archimède. Si au contraire nous la faisons descendre, elle suit la flèche D2 et bascule à droite de la courbe des températures de l'environnement. Plus chaude et plus légère que son nouvel environnement, elle est maintenant repoussée vers le haut. Dans l'atmosphère représentée en *a*, toute parcelle d'air non saturé éloignée de sa position d'équilibre tend à y revenir. L'atmosphère est donc stable pour les mouvements verticaux de l'air non saturé. Supposons maintenant que l'air de la parcelle soit saturé, et soit maintenu saturé lors des déplacements, sa température suivra les flèches D3 (pour un soulèvement) ou D4 (pour une descente). D3 se trouve à gauche de la courbe de l'environnement, la parcelle devenue plus froide que son environnement est repoussée vers sa position initiale. D4 est à droite de la courbe des températures de l'environnement, la parcelle devenue plus chaude remonte vers sa position d'équilibre. Stable pour les déplacements verticaux de l'air non saturé et de l'air saturé, l'atmosphère *a* est en stabilité absolue.

Deuxième situation

Dans le cas de l'atmosphère représentée en *b*, nous voyons que les flèches D1 et D3 sont toutes deux à droite de la courbe des températures de l'environnement. Toute parcelle d'air (non saturé ou

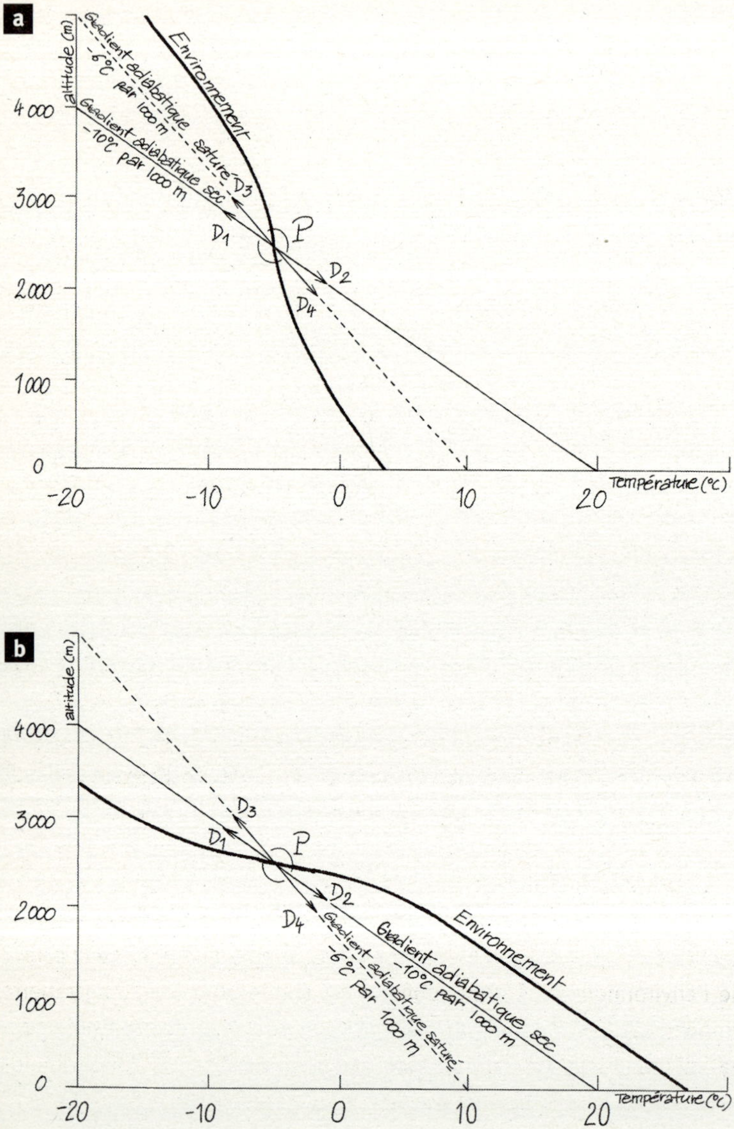

40. Atmosphères stable *(a)*, instable *(b)* et en instabilité conditionnelle *(c)* pour les mouvements convectifs. On compare la courbe de températures de l'environnement à celles suivies par deux parcelles d'air, respectivement saturée et non saturée, déplacées verticalement.

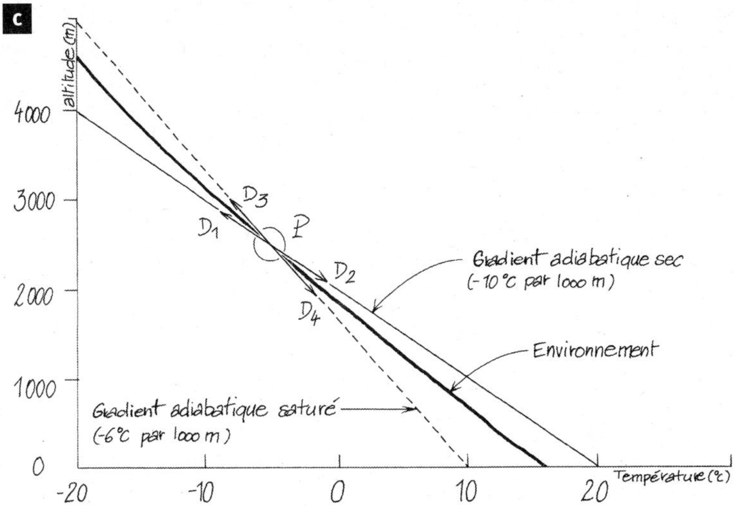

saturé) soulevée devient plus chaude que son nouvel environnement et tend à s'éloigner encore plus de sa position d'équilibre sous l'influence de la poussée d'Archimède. Une parcelle descendue devient plus froide que son environnement (flèches D2 et D4 à gauche) et tend à poursuivre sa route vers le bas. Instable aussi bien pour les déplacements verticaux de l'air non saturé que de l'air saturé, l'atmosphère *b* est en instabilité absolue.

Troisième situation

Dans le cas de l'atmosphère représentée en *c*, nous voyons que les flèches D1 et D3 (ou D2 et D4) sont situées de part et d'autre de la courbe de l'environnement. L'atmosphère *c* est stable pour les déplacements adiabatiques secs (D1 et D2) mais instable pour les déplacements adiabatiques saturés (D3 et D4). Initialement composée d'air non saturé, cette atmosphère est en instabilité conditionnelle et ne deviendra instable que si un mécanisme permet d'amener l'air à saturation.

Les cas de stabilité neutre n'ont pas été représentés sur les graphiques utilisés ici. Ils se présentent lorsque la courbe de l'environnement suit exactement la courbe adiabatique sèche (atmosphère neutre pour les déplacements adiabatiques secs) ou la courbe adiabatique saturée (atmosphère neutre pour les déplacements adiabatiques saturés). Les deux courbes n'étant jamais confondues, l'atmosphère ne peut pas être neutre en même temps pour les deux types de déplacements. Une atmosphère neutre pour les déplacements adiabatiques secs est forcément instable pour les déplacements adiabatiques saturés. Une atmosphère neutre pour les déplacements adiabatiques saturés est forcément stable pour les déplacements adiabatiques secs.

La base et le sommet des nuages

Sur la figure 41, la courbe en trait plein, notée « Environnement », représente les valeurs de la température qui auraient été mesurées dans l'atmosphère à différentes altitudes lors d'un radiosondage fictif.

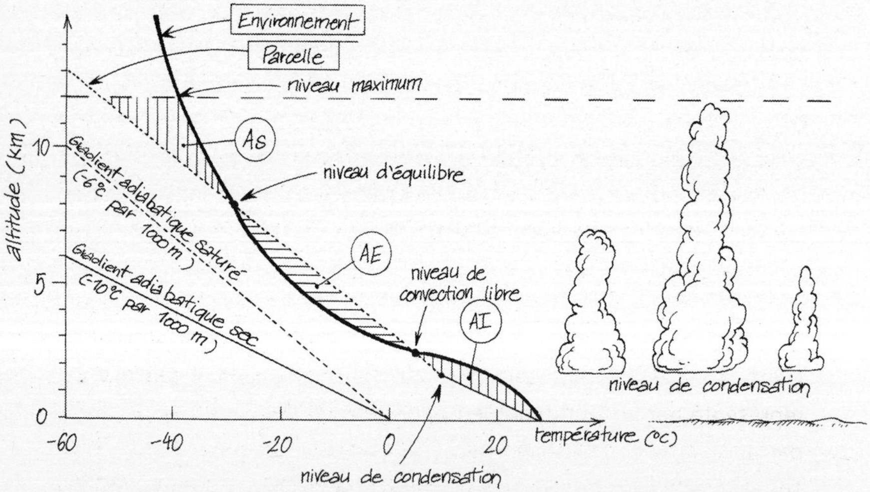

41. Formation des nuages convectifs. La courbe en gras représente les températures de l'environnement. La courbe dessinée en trait plein dans les basses couches puis en tiretés en altitude représente la température des parcelles d'air ascendant qui forment les nuages. L'énergie convective (surface AE) favorise la convection, l'énergie d'inhibition (surface AI) s'y oppose, et l'énergie de décélération (surface AS) freine les ascendances.

Des nuages vont-ils se développer dans une telle atmosphère ? Quelle sera leur vigueur ? Où se trouvera leur sommet ? Une légère dilatation de l'échelle verticale tenant compte du refroidissement moyen de la troposphère à chaque altitude, permet d'obtenir un graphique sur lequel les surfaces délimitées par les courbes de température sont proportionnelles aux énergies pouvant être mises en jeu dans la formation des nuages. Pour servir de références, la courbe la plus à gauche de la figure représente les variations de température que subiraient pendant leur ascension des parcelles d'air ayant une température de 0 °C près du sol : l'une, non saturée, suit un processus adiabatique sec (courbe en trait plein qui représente une diminution de la température d'environ 10 °C par 1000 mètres), l'autre est saturée et suit un processus adiabatique saturé (courbe tiretée qui représente une diminution de la température de 6 °C par 1000 mètres d'altitude).

Au voisinage du sol, la température de l'environnement mesurée par notre radiosondage vaut 28 °C, et le rapport de mélange (non représenté sur la figure) est de 9,5 grammes par kilogramme d'air sec. Si, dans ces conditions de température et d'humidité, on soulève une parcelle d'air située près du sol, sa température va suivre un gradient adiabatique sec jusqu'à ce qu'elle devienne saturée et atteigne le niveau de condensation. Dans notre exemple, ce niveau est atteint à 1,8 kilomètre d'altitude lorsque la température de la parcelle est de 10 °C. L'humidité relative est alors de 100 %. À partir de là, des gouttelettes de nuage commencent à se former (base du nuage) et la chaleur latente libérée par la condensation réduit le taux de refroidissement de la parcelle qui n'est plus que de 6 °C par 1000 mètres (gradient adiabatique saturé). L'ensemble des valeurs suivies par la température de la parcelle est représenté par la courbe notée « parcelle » qui débute au sol à 28 °C, par une partie en trait plein pour représenter le gradient adiabatique sec, puis continue par une courbe tiretée pour représenter le gradient adiabatique saturé. Au début de son ascension, la courbe suivie passant sous la courbe de température du radiosondage, la parcelle est plus froide et donc plus lourde que son environnement. Si on la relâche, elle aura tendance à redescendre à sa position initiale. On a donc affaire à une atmosphère stable pour les déplacements adiabatiques secs.

Supposons maintenant que l'on puisse apporter suffisamment d'énergie à la parcelle pour lui faire continuer son ascension malgré la poussée d'Archimède qui tente de la ramener vers le bas. Vers 2,5 kilomètres, les deux courbes se croisent, la température de notre parcelle devient égale puis supérieure à celle de l'environnement. À partir de ce moment, la poussée d'Archimède accélère notre parcelle vers le haut et tend à l'éloigner encore plus de sa position initiale. Le niveau où la parcelle est devenue instable est appelé niveau de convection libre. Cette atmosphère est stable pour les déplacements adiabatiques secs, mais instable pour les déplacements adiabatiques saturés : nous avons affaire à une situation d'instabilité conditionnelle. Pour déclencher cette instabilité, il a été nécessaire de fournir à la parcelle l'énergie lui permettant de monter jusqu'au point de convection libre malgré l'opposition de la poussée d'Archimède. La quantité d'énergie à fournir était d'autant plus importante que la surface AI comprise entre les courbes de températures de l'environnement et de la parcelle, était grande. On appelle énergie d'inhibition de la convection ou CIN (de l'anglais *convective inhibition*), cette énergie qui s'oppose à la convection. Nous avons vu que l'énergie nécessaire pouvait être fournie à des parcelles d'air par un processus de forçage transformant une partie des mouvements horizontaux en mouvements verticaux. Lorsque l'énergie d'inhibition est trop importante pour les mécanismes de forçage existants, l'instabilité ne peut être déclenchée et, l'action de forçage terminée, la parcelle redescend vers son niveau initial.

Si le forçage est suffisant pour franchir l'obstacle présenté par l'énergie d'inhibition, jusqu'où va monter notre parcelle ?

Tant que sa température est supérieure à celle de l'environnement, la parcelle gagne de l'énergie grâce à la poussée d'Archimède et accélère son mouvement vers le haut. Parvenue au « niveau d'équilibre » (situé ici à 8 kilomètres d'altitude), les deux courbes se croisent à nouveau, la température de la parcelle est égale à celle de l'environnement. L'énergie qu'elle a gagnée depuis le niveau de convection libre est d'autant plus importante que la surface AE est grande. On appelle énergie convective disponible ou CAPE (de l'anglais *convective available potential energy*), cette énergie qui peut accélérer vers le haut une parcelle d'air venue des basses couches. À partir du niveau d'équilibre, la température de notre parcelle devient inférieure à celle de l'environnement. La poussée d'Archimède agit vers le bas et commence à la freiner. En principe, elle s'arrêtera de monter lorsque la somme des forces qui la freinent sera égale à la somme des forces qui l'ont accélérée. D'après la théorie adiabatique que nous venons d'exposer, le sommet du nuage devrait se trouver au niveau où la surface AS (énergie de décélération) est devenue égale à la surface AE (énergie convective ou énergie d'accélération). Quand ce niveau maximum est atteint, ici vers 12 kilomètres, la parcelle, devenue bien plus froide que son environnement, redescend et ne trouve son équilibre qu'à un niveau où sa température vaut celle de l'environnement. Si elle redescend trop vite, elle va trop loin et se met à osciller autour de ce niveau avant de se stabiliser.

6

Les précipitations

Si toutes les précipitations du Globe étaient sous forme liquide, elles représenteraient un volume annuel de plus de 430000 kilomètres cubes. Étalé sur toute la surface de la Terre, ce volume d'eau occuperait une épaisseur d'environ 850 millimètres. En revanche, à un instant donné, si on condensait toute la vapeur d'eau de l'atmosphère, on obtiendrait, sur toute la Terre, une pellicule de seulement 24 millimètres, soit près de 36 fois moins. Cela signifie que le contenu en vapeur d'eau de l'atmosphère doit être remplacé 36 fois pour alimenter l'ensemble des nuages et des précipitations sur une année. Le renouvellement de l'eau atmosphérique s'effectue donc en moyenne tous les 10 jours. L'atmosphère se comporte ainsi comme une vaste machine à faire circuler et à transformer l'eau.

Nous avons vu précédemment que la vapeur d'eau atmosphérique était inégalement répartie dans l'espace et dans le temps. Toutes les régions du monde ne disposent donc pas du même potentiel en eau sous forme de précipitations. Mais il ne suffit pas de disposer de vapeur d'eau suspendue dans l'atmosphère pour obtenir des précipitations au sol. Encore faut-il que les processus d'instabilité de l'air, de déclenchement de la convection, de nucléation, puis de croissance des gouttelettes ou des cristaux de glace, coopèrent de façon efficace. Par exemple, avec une colonne de vapeur d'eau contenant l'équivalent d'une pellicule de 5 à 10 millimètres d'eau

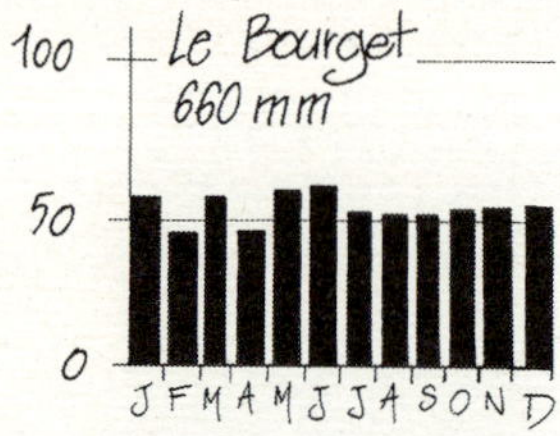
Le Bourget
660 mm
100
50
0
J F M A M J J A S O N D

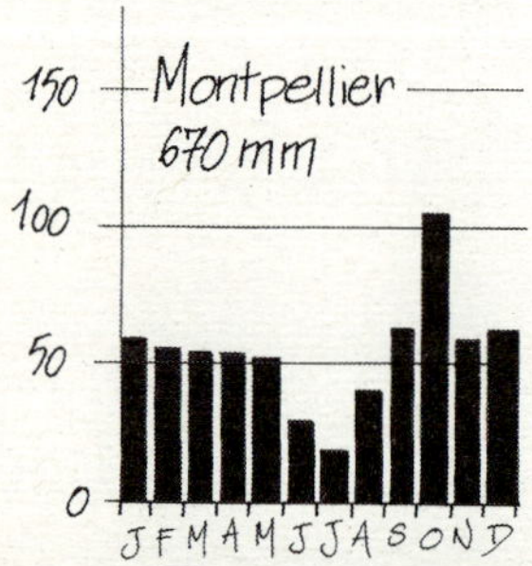
Montpellier
670 mm
150
100
50
0
J F M A M J J A S O N D

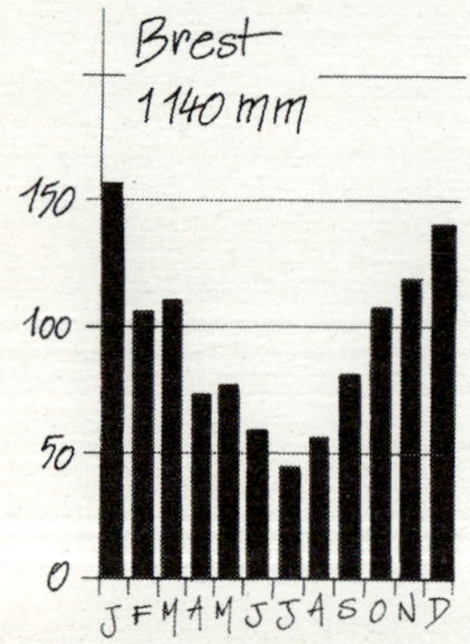
Brest
1140 mm
150
100
50
0
J F M A M J J A S O N D

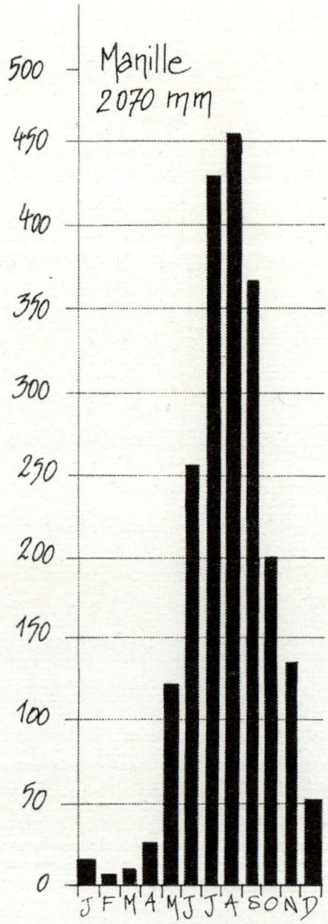
Manille
2070 mm
500
450
400
350
300
250
200
150
100
50
0
J F M A M J J A S O N D

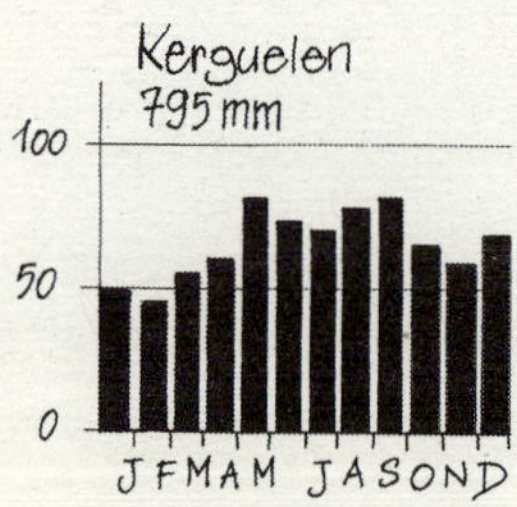
Kerguelen
795 mm
100
50
0
J F M A M J A S O N D

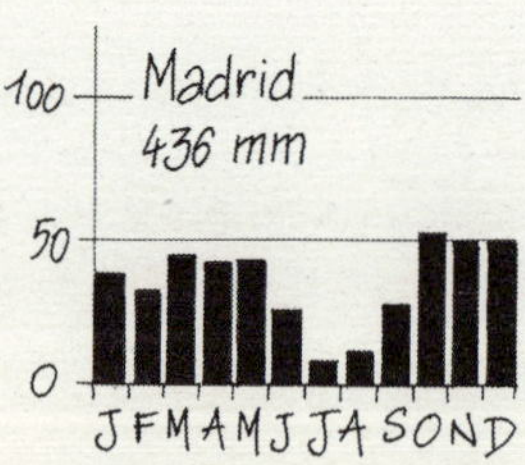
Madrid
436 mm
100
50
0
J F M A M J J A S O N D

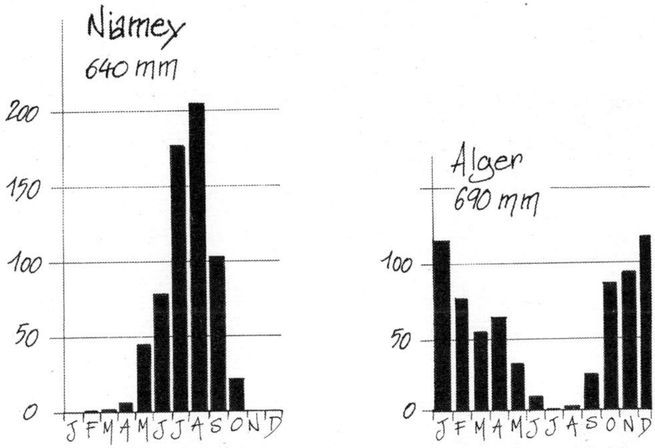

42. Hauteurs d'eau, moyennées sur chaque mois, dans les précipitations qui affectent différentes régions, en France : Le Bourget, en région parisienne, Montpellier, dans le sud de la France, Brest, en Bretagne ; et ailleurs dans le monde, îles Kerguelen dans le sud de l'océan Indien, en avant-poste de l'Antarctique, Madrid en Espagne, Manille aux Philippines dans l'océan Pacifique, Niamey au Niger en Afrique occidentale, et Alger en Afrique du Nord.

condensée, les déserts tropicaux disposent de plus d'eau atmosphérique que la Norvège ou le nord du Canada. Les précipitations y sont pourtant plus rares et moins abondantes.

Dans les régions équatoriales, la moyenne annuelle des précipitations excède parfois 2 500 millimètres tandis qu'elle dépasse rarement 150 millimètres dans les régions désertiques. Le record de précipitations en 24 heures est de 1 870 millimètres : il a été atteint en mars 1952, sur l'île de la Réunion. Le record de précipitations tombées en 12 mois serait détenu par la station de Cherrapunji, en Inde, avec 26 470 millimètres en 1860-61 et la plus forte moyenne annuelle reviendrait à Lloro, en Colombie, avec environ 13 300 millimètres. À l'inverse, Arica, au Chili, a été privée de précipitation plus de 14 années consécutives (d'octobre 1903 à janvier 1918) et sa moyenne annuelle dépasse rarement 0,8 millimètre.

En France métropolitaine, la moyenne annuelle est de 800 millimètres. Elle est nettement plus forte en montagne, où elle est généralement comprise entre 1 000 et 2 000 millimètres, qu'en plaine où sa valeur oscille entre 600 et 900 millimètres. On note quelques minima pluviométriques dans les régions placées sous le vent de reliefs comme l'Alsace, la vallée du Rhône, la Provence et la région Midi-Pyrénées, où l'effet de fœhn est important. Les variations saisonnières sont assez marquées : les précipitations sont minimales en avril dans le nord-est et en juillet dans le sud-ouest. En revanche, elles sont maximales en automne et en hiver sur l'ensemble du pays. Des phénomènes locaux extrêmement violents se produisent dans certaines situations météorologiques. Ainsi, un record de 1 000 millimètres de précipitations, en seulement 24 heures, a été atteint en octobre 1940 dans le Roussillon. Plus récemment, on a mesuré jusqu'à 610 millimètres en 24 heures à Py, dans les Pyrénées-Orientales, en novembre 1982, plus de 600 millimètres à Lézignan-Corbières en 1999 et 400 millimètres en seulement quelques heures à Nîmes en 1988.

Quelle quantité d'eau comporte un nuage pour fournir de telles précipitations ? La réponse dépend tout à la fois de ses dimensions, de la vitesse de son ascendance et des conditions dynamiques de l'atmosphère environnante. Un gros cumulonimbus peut contenir, à un instant donné, jusqu'à un million de tonnes d'eau condensée sous forme de gouttelettes et de particules de glace. Cependant, l'eau disponible est renouvelée à mesure qu'elle précipite, si bien que le potentiel en eau du nuage est bien plus important.

La figure 43 indique les flux d'eau dans un gros cumulonimbus. Chaque seconde, environ 700 000 tonnes d'air alimentent le nuage, en intégrant près de 9 000 tonnes de vapeur d'eau. Une grande partie de cette vapeur d'eau (7 600 tonnes par seconde) se transforme en précipitations qui tombent vers le sol. Dans leur chute, elles entraînent de l'air extérieur, lequel introduit, chaque seconde, 700 tonnes supplémentaires de vapeur d'eau. Entraîné vers le bas,

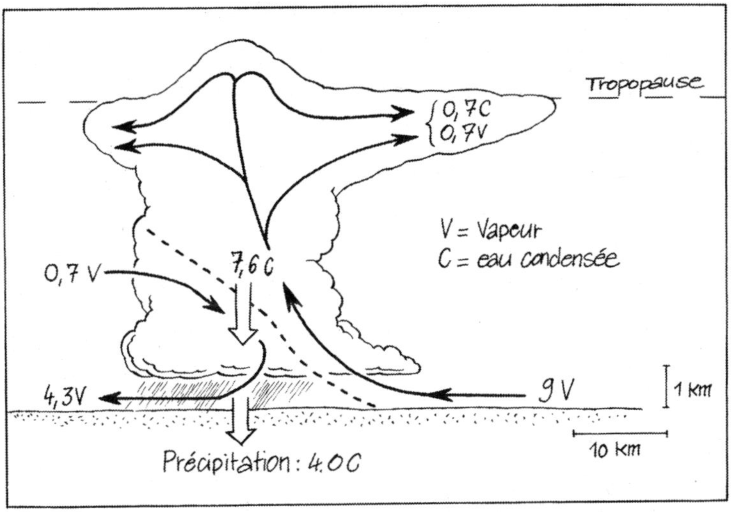

43. Flux d'eau observés dans un cumulonimbus, sous forme de vapeur (V) ou condensée en liquide ou solide (C), en milliers de tonnes par seconde.

cet air est comprimé. Il se réchauffe et tend à s'assécher. Cela favorise l'évaporation de 3 600 tonnes de précipitations chaque seconde. Finalement, 4 000 tonnes de précipitations arrivent chaque seconde sur le sol sous forme de pluie ou de grêle. Au sommet du nuage, l'ascendance perd de sa vigueur et les vents environnants évacuent l'eau qui n'a pas précipité (700 tonnes par seconde sous forme de vapeur d'eau et 700 tonnes par seconde sous forme d'eau liquide ou solide) : c'est ainsi que se forme l'enclume au sommet du cumulonimbus.

En considérant le nuage comme une machine à fabriquer des précipitations, on définit son rendement comme le rapport entre la quantité d'eau qui atteint le sol sous forme de précipitation et celle entrée dans le nuage sous forme de vapeur. Ainsi, le rendement du système précédemment décrit est d'environ 40 %.

Les particules liquides ou solides des précipitations sont suffisamment grosses pour atteindre le sol malgré les courants ascendants et l'évaporation subie dans les régions sous-saturées rencontrées sous la base des nuages. On voit ces particules au loin sous forme de traînées. Dans une précipitation, on compte entre 100 et 10000 particules par mètre cube. Leur concentration est donc environ un million de fois plus faible que celle des petites particules qui composent le nuage. Lorsqu'il pleut, on a l'impression que le nombre de gouttes est important, car elles tombent à plus de 30 kilomètres par heure, mais si l'on pouvait figer un décimètre cube (ou un litre) d'air, on n'y trouverait pas plus d'une ou deux gouttes de pluie, et rarement plus de dix.

Un gros cumulonimbus fournit plus de 4000 tonnes de précipitation par seconde. Cependant, tous les nuages n'engendrent pas de précipitation. Leur comportement dépend fortement de leur altitude et de leur épaisseur mais aussi des aérosols présents dans la masse d'air. Nous avons vu que les aérosols conditionnent le nombre et la taille des gouttelettes ou des cristaux. Ainsi, dans les nuages qui se développent dans des masses d'air d'origine maritime, les gouttelettes ou les cristaux de glace sont distribués de manière différente de ceux des masses d'air originaires de continents pollués. Dans ces dernières, les gouttelettes sont trop nombreuses à se partager l'eau disponible pour pouvoir atteindre une taille qui favorise leur croissance ultérieure. Ils ont donc une moins bonne aptitude à former des précipitations.

La pluie

Les précipitations liquides se présentent sous forme de pluie lorsqu'elles comportent de grosses gouttes, ou de bruine lorsque les gouttes sont petites et rapprochées. Les gouttes de bruine dépassent rarement 0,5 millimètre. Les gouttes de pluie ont une taille moyenne d'environ 2 millimètres. Les plus petites (environ 0,2 millimètre) tombent lentement et restent sphériques, alors que les plus grosses (3 à 4 millimètres) tombent à plus de 30 kilomètres par heure et prennent la forme d'une sphère aplatie sous l'effet des forces de résistance de l'air. Exceptionnellement, quelques gouttes atteignent une taille voisine de 6 millimètres mais, au-delà de 4 millimètres, la déformation devient telle que les gouttes éclatent au moindre contact.

On représente souvent les gouttes de pluie sous la forme de poires allongées comme des larmes *(voir la figure 44)*. En fait, cette forme familière est celle d'une goutte liquide suspendue par capillarité : la goutte s'allonge sous l'effet de son poids jusqu'à ce qu'elle atteigne un point de rupture et chute.

La forme des gouttes de pluie est différente. Nous avons vu que les gouttelettes adoptaient la forme sphérique : la sphère limite sa surface de contact avec le monde extérieur et regroupe au maximum les molécules en volume. Une gouttelette de nuage tombe lentement dans l'air et les forces extérieures qui lui sont appliquées sont bien plus faibles que les forces intermoléculaires. Sa forme reste donc proche de celle d'une sphère. Une goutte plus grosse

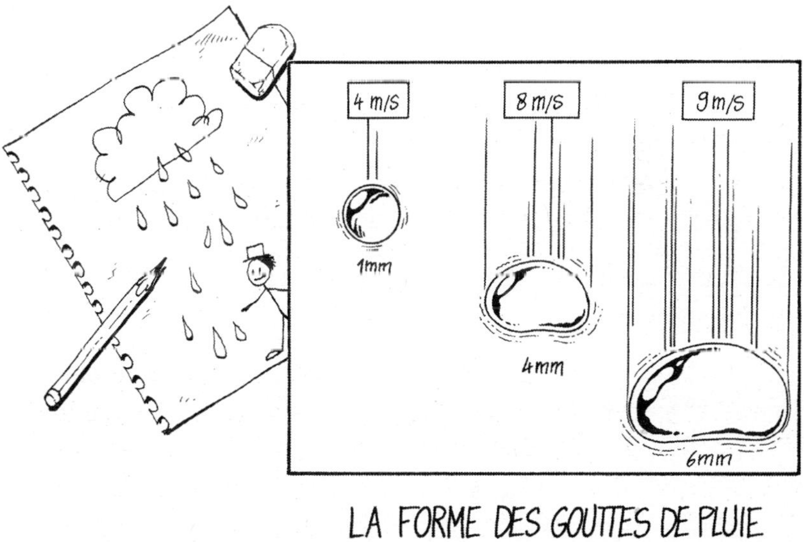

44. Les gouttes de pluie ressemblent non pas à des larmes, mais à des billes lorsqu'elles sont petites et à des citrouilles lorsqu'elles sont grosses. Plus elles tombent vite, plus elles se déforment.

tombe à plusieurs mètres par seconde et offre une surface de contact importante. La résistance de l'air n'est alors plus négligeable devant les forces intermoléculaires, et la goutte s'aplatit à sa base. Sa forme ressemble à celle d'une citrouille ; de profil, on dirait un haricot. Si sa taille dépasse 5 ou 6 millimètres, la goutte éclate en plusieurs gouttes plus petites.

Comment se forme la pluie ?

Nous avons vu que les nuages se forment dès que le seuil de saturation de l'air en vapeur d'eau est légèrement dépassé. Cela résulte du grand nombre de noyaux de condensation présents dans l'atmosphère. Cependant, il y a loin entre l'apparition d'un nuage et la formation d'une averse. Lorsqu'un nuage est constitué uniquement de gouttelettes d'eau liquide, l'eau disponible se répartit de façon assez équitable entre les nombreuses gouttelettes présentes, ce qui limite la taille maximale que peut atteindre chacune d'elles par condensation. Les gouttelettes d'eau qui forment les nuages sont si petites que leur vitesse de chute ne dépasse pas quelques centimètres par seconde. En première approximation, on pourra considérer qu'elles se déplacent à la même vitesse que l'air nuageux qui les entraîne. Par suite, si l'air monte, elles montent à la même vitesse. Elles ne pourraient survivre à la traversée des régions sous-saturées qui séparent le nuage du sol. Des précipitations ne pourront donc se former que si des particules deviennent assez grosses pour tomber rapidement du nuage et atteindre le sol sans s'être complètement évaporées.

Le diamètre moyen d'une gouttelette de nuage est de vingt micromètres, alors que celui d'une goutte de pluie est d'environ deux millimètres (représentant un rapport cent entre les diamètres et un million entre les masses). On a montré, aussi bien par le calcul que par des expériences de laboratoire, que, dans les nuages naturels, la condensation seule ne pouvait expliquer la formation d'une goutte de pluie. Dans l'ascendance d'un cumulus, il faudrait environ cinq minutes pour qu'une gouttelette atteigne la taille de

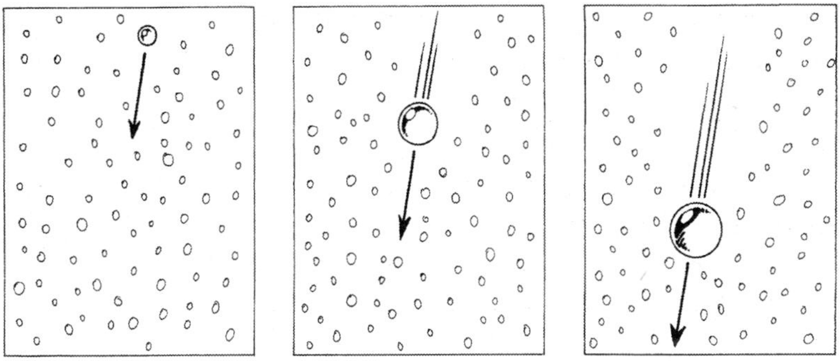

45. Croissance d'une goutte par collection de gouttelettes de nuage.

20 micromètres et plusieurs heures pour qu'elle arrive à 40 micromètres. Comme il est improbable qu'une goutte d'eau puisse survivre aussi longtemps dans un nuage, et que certains cumulus parviennent au stade précipitant en moins de 15 minutes, un autre mécanisme intervient nécessairement dans la formation de la pluie.

Un nuage possède, par litre d'air, environ un million de gouttelettes de vingt micromètres de diamètre moyen. Comment obtenir une goutte de pluie de deux millimètres de diamètre, c'est-à-dire un million de fois plus massive que ces gouttelettes ? De prime abord, on pourrait imaginer qu'il suffit d'agglutiner le million de gouttelettes en une goutte unique, par un processus dit de collection. La collection *(voir la figure 45)* exige que les gouttelettes entrent d'abord en contact (collision), puis qu'elles se fondent en une goutte unique (coalescence).

La vitesse de chute des gouttes dépend de leur dimension (environ 1 centimètre par seconde pour une gouttelette de 20 micromètres de diamètre et 30 centimètres par seconde pour une gouttelette de 100 micromètres), de sorte que les grosses gouttes ont tendance à rattraper les plus petites. Mais le fait qu'une petite goutte se situe sur la trajectoire d'une plus grosse n'implique pas nécessairement leur collision. En effet, la chute de la grosse goutte provoque un déplacement d'air qui tend à éloigner les petites gouttes, comme les feuilles ou les plumes qui flottent dans l'air tendent à éviter le contact avec l'automobile qui vient à leur rencontre. Ensuite, même lorsque la collision se réalise, la coalescence ne se produit pas toujours : si la vitesse relative des deux gouttes est trop faible, ou si le contact est tangentiel, les gouttes glissent ou rebondissent l'une sur l'autre. Lorsque les gouttes sont grosses et instables (gouttes de quelques millimètres de diamètre), elles éclatent sous le choc.

Le processus de collection a donné lieu à de nombreux travaux théoriques et expérimentaux. Les gouttes de tailles inférieures à 40 micromètres ont tendance à suivre les flux d'air et à éviter la collision, si bien que la collection ne devient efficace que lorsque quelques grosses gouttes initiatrices, de diamètre supérieur à 80 micromètres, parviennent d'abord à se former dans le nuage. Ainsi, pendant longtemps, les météorologistes doutèrent que la condensation et la collection puissent expliquer à elles seules la formation des précipitations.

À nos latitudes, les nuages qui donnent des précipitations ont toujours leurs sommets à des températures inférieures à 0 °C. Devant ce constat, on a longtemps cru que la formation de la pluie ne pouvait s'expliquer que par une interaction des gouttelettes de nuage et des cristaux de glace. Des observations effectuées dans les régions tropicales ont cependant montré que la pluie pouvait aussi se former dans des cumulus à température supérieure à 0 °C (nuages chauds). Dans de tels nuages, les gouttes grossissent nécessairement par les seuls processus de condensation et de collection. On a alors cherché à expliquer la formation des gouttes initiatrices de plus de 80 micromètres par la présence de noyaux de condensation géants ou par l'action de champs électriques ou de microturbulences. Or, si ces phénomènes jouent parfois un rôle, leur influence n'est cependant pas suffisante.

Des travaux récents, comme ceux menés au Centre national de recherches météorologiques de Météo-France, ont souligné le rôle de petites fluctuations de la sursaturation. Du fait de ces fluctuations, dans une même parcelle d'air, le partage de l'eau disponible n'est pas équitable, car chaque gouttelette subit des conditions différentes. Sur toute la durée de vie des gouttelettes, la somme de ces différences serait suffisante pour expliquer une large répartition des tailles de gouttes, en tout cas plus large que celles prévues par les théories classiques de la condensation et plus proche de celles réellement observées dans la Nature. D'autre part, sur un million de gouttelettes présentes dans un litre, il suffit qu'une seule grossisse par collection pour expliquer la formation d'une pluie ; or, même si la probabilité de rencontres entre gouttelettes de petite taille est faible, on pense qu'elle n'est pas totalement nulle.

En dessous de 0 °C, un nuage peut être composé exclusivement de gouttelettes d'eau liquide surfondue, uniquement de cristaux de glace, ou d'un mélange de gouttelettes d'eau liquide et de cristaux de glace. Contrairement à la condensation liquide qui ne permet pas, à elle seule, la formation de gouttes de pluie, la condensation solide explique la formation de gros cristaux de glace lorsque le nombre de cristaux ainsi formés reste faible (typiquement un par litre). Ce processus est accéléré, en particulier autour de –12 °C, en présence de gouttelettes d'eau liquide (c'est le processus de Bergeron que nous analyserons plus loin). De gros cristaux se forment aussi par congélation de grosses gouttes d'eau. Pendant leur chute, les cristaux continuent à grossir par agrégation d'autres cristaux ou par collection de gouttelettes d'eau surfondue (processus d'accrétion). Les particules de glace ainsi formées n'atteignent pas toujours le sol sous forme solide. Elles peuvent fondre en traversant des niveaux où la température est supérieure à 0 °C et atteindre le sol sous forme de pluie. Ainsi, dans presque toutes les averses, les gouttes ont effectué une partie importante de leur croissance sous forme solide.

Lorsque les nuages ont de faibles vitesses verticales (nuages en strates), la fonte des cristaux et leur passage à l'état liquide apparaissent nettement sur les écrans des radars météorologiques. Les ondes électromagnétiques émises par le radar se propagent et sont en partie diffusées par les gouttes d'eau et les cristaux de glace.

Ainsi, la fraction d'énergie qui revient vers le radar est fonction du nombre, de la taille et du type des particules d'hydrométéore rencontrées. Sur quelques centaines de mètres au-dessous de l'isotherme 0 °C, on observe un signal plus intense dû à la présence d'une pellicule d'eau liquide qui se forme à la surface des cristaux en train de fondre. Ce signal plus intense est dénommé « bande brillante ». Dans les nuages convectifs, la bande brillante n'apparaît pas, car le brassage est important et les hydrométéores (gouttes d'eau ou particules de glace présentes dans l'atmosphère) sont rapidement dispersés.

Le premier mécanisme de production de particules d'une taille supérieure à 40 micromètres que l'on ait découvert est le processus de Bergeron. Pour déclencher ce processus, quelques cristaux de glace et un grand nombre de gouttelettes en surfusion doivent cohabiter

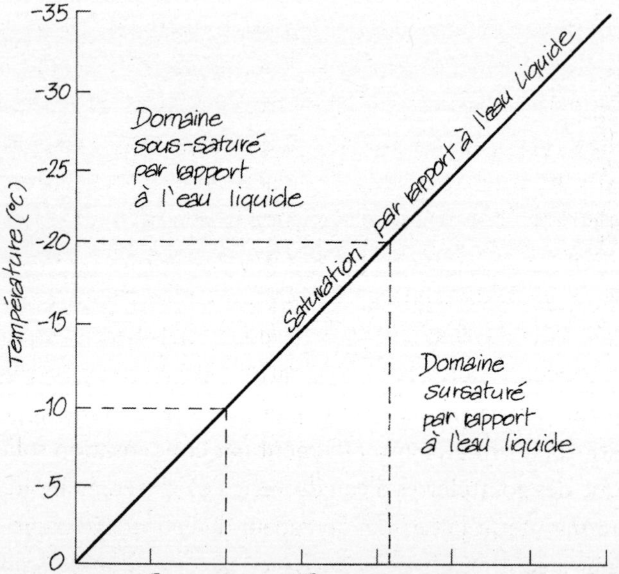

46. Sous 0 °C, lorsque l'air est saturé par rapport à l'eau liquide, il est sursaturé par rapport à la glace, et la valeur de cette sursaturation augmente quand la température diminue.

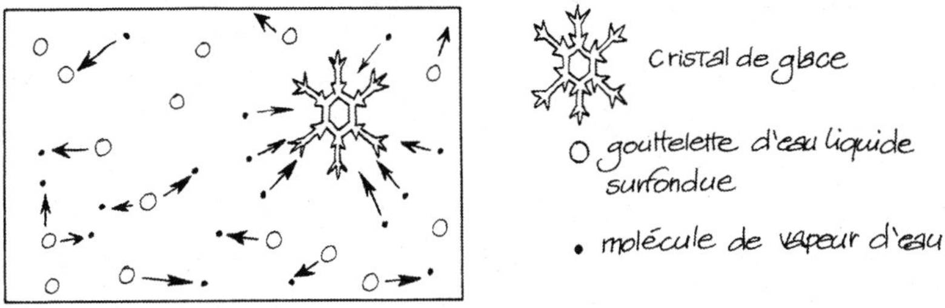

47. Effet Bergeron. En présence de gouttelettes d'eau liquide, l'air est sursaturé par rapport à la glace. Les particules de glace grossissent rapidement par condensation solide aux dépens de la vapeur pendant que les gouttelettes s'évaporent en partie et maintiennent la vapeur saturée.

dans le nuage (nuage mixte), à température inférieure à 0 °C. Cette cohabitation est fréquente, en particulier aux latitudes moyennes où la température au sommet des nuages est souvent inférieure à –20 °C. Dans un milieu où des gouttes d'eau liquide se forment, la pression partielle de la vapeur d'eau doit être légèrement supérieure à la pression de vapeur saturante au-dessus de l'eau liquide. La pression de vapeur saturante au-dessus de la glace étant, à température donnée, inférieure à la pression de vapeur saturante au-dessus de l'eau liquide, l'air est sursaturé par rapport à la glace. Cette sursaturation augmente quand la température diminue. Elle atteint environ 10 % à –10 °C et 21 % à –20 °C *(voir la figure 46)*. Ces valeurs excèdent de beaucoup toutes les sursaturations par rapport à l'eau liquide observées, lesquelles dépassent rarement 1 %. Les quelques cristaux présents peuvent grossir rapidement par condensation solide, pendant que des gouttelettes d'eau doivent s'évaporer, au moins en partie, pour maintenir la tension de vapeur de l'air nuageux proche de sa valeur d'équilibre (saturation) avec la phase liquide *(voir la figure 47)*. Ainsi, les conditions de forte sursaturation par rapport à la glace persistent tant qu'il y a des gouttelettes d'eau liquide. Cette croissance atteint son maximum d'efficacité aux environs de –12 °C.

On obtient ainsi facilement, en quelques minutes, des cristaux de glace d'environ un millimètre de diamètre. Un cristal hexagonal de cette taille a une masse équivalente à celle d'une goutte de bruine de 200 micromètres de diamètre. Sa vitesse de chute est suffisante (quelques décimètres par seconde) pour collecter des gouttelettes d'eau surfondue ou d'autres cristaux et atteindre ainsi la masse d'une goutte de pluie.

Neige, neige roulée, grésil et grêle

Passons maintenant en revue les catégories de précipitations solides. Le poudrin de glace est constitué par de petits cristaux de glace, qui tombent par ciel clair. Ces cristaux sont souvent si ténus qu'ils semblent en suspension dans l'atmosphère.

La neige est une précipitation de cristaux de glace isolés ou soudés, dont la taille est généralement comprise entre 2 et 5 millimètres, mais atteint parfois 2 centimètres. Les flocons de neige se forment par collision et agrégation de cristaux (*voir la figure* 48). À titre d'exemple, dans un nuage contenant un gramme de cristaux de glace par mètre cube, un flocon de neige peut grossir par agrégation de 1 centimètre en moins de 30 minutes. Un tel flocon a une masse d'environ 3 milligrammes et une vitesse de chute de 1 mètre par seconde. En fondant, il pourrait former une goutte de pluie d'environ

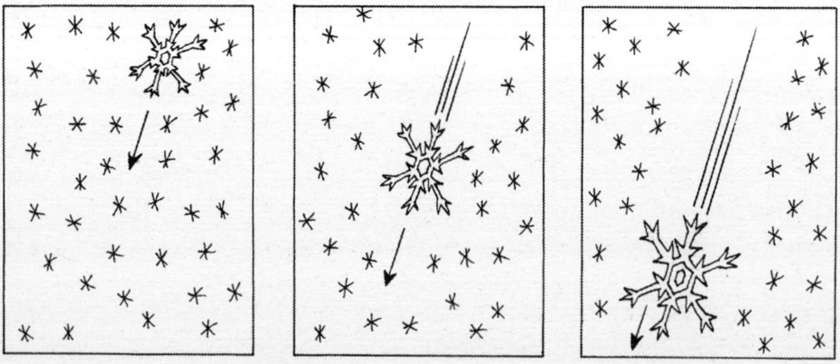

48. Les flocons de neige grossissent par agrégation de cristaux de glace.

2 millimètres de diamètre. Pour qu'il y ait collision, il faut que les cristaux aient des vitesses différentes et se rencontrent. La vitesse de chute des cristaux en prisme augmente avec leur taille. Par exemple, des aiguilles de 1 et 2 millimètres de long auront respectivement des vitesses de chute de 0,5 et 0,7 mètre par seconde. En revanche, la vitesse de chute des cristaux non givrés du type plaque reste constante quelle que soit leur taille. Ces cristaux ont donc une faible probabilité de se rencontrer, sauf s'ils sont suffisamment près l'un de l'autre pour être aspirés par les effets de sillage, bien connus des coureurs cyclistes ou automobiles. La vitesse de chute des cristaux givrés (à la surface desquels des gouttelettes en surfusion ont congelé) varie selon leur densité et leurs dimensions. Le givrage favorise donc les collisions entre particules de glace.

Le deuxième facteur qui influence la croissance par agrégation est la capacité d'adhérence des particules après collision. Cette capacité est essentiellement déterminée par le type de particule de glace et par la température. Les cristaux complexes comme les dendrites adhèrent facilement les uns aux autres, car ils s'entrelacent lors de la collision, alors que deux plaquettes auront tendance à rebondir l'une sur l'autre. La probabilité d'adhérence augmente aussi quand la température croît, et devient importante pour des températures supérieures à –10 °C : à ces températures, les cristaux de glace sont recouverts d'une mince pellicule d'eau liquide de quelques angstroms (dix millioniëmes de millimètre), qui congèle lors de la collision et assure la jonction entre les cristaux. À des températures inférieures à –10 °C, les cristaux parviennent difficilement à rester soudés les uns aux autres, ce qui explique la faible probabilité de chutes de neige lorsqu'il fait aussi froid.

Dans un nuage composé à la fois d'eau liquide et de glace, les particules de glace (dendrites, aiguilles, plaquettes, gouttes congelées, etc.) peuvent grossir en collectant des gouttelettes surfondues qui congèlent à leur contact *(voir la figure 49)*. Ce mécanisme est dénommé croissance par accrétion (ou par givrage). Quand

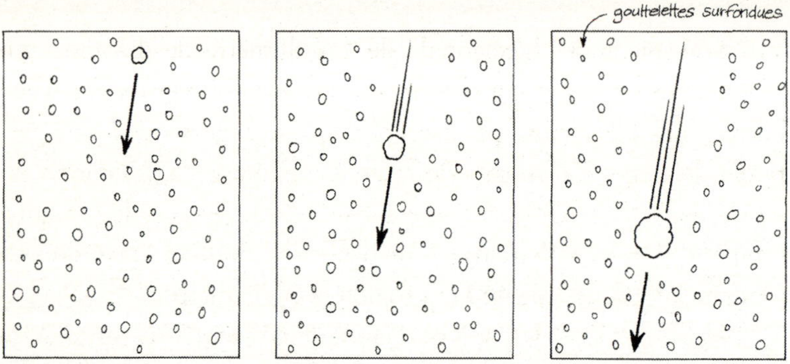

49. Les particules de neige roulée ou de grésil grossissent par accrétion de gouttelettes d'eau surfondue.

l'accrétion est importante, il devient difficile de discerner la forme initiale du cristal de glace. L'apparence et la densité des particules de glace dépendent alors surtout de la rapidité avec laquelle les gouttelettes d'eau liquide ont givré.

La neige en grains est composée de petites particules de glace, blanches et opaques, plates ou allongées, de taille généralement inférieure à un millimètre. La neige roulée est faite de particules de glace, blanches et opaques, en général coniques, dont la taille ne dépasse pas 5 millimètres. Ces particules sont souvent présentes dans les giboulées de mars. Avant d'être capturées par les particules de glace, les gouttelettes ont une température basse et peuvent contenir beaucoup d'air dissout dans l'eau. Au moment de la congélation, la chaleur libérée augmente la température de l'eau, et une partie de l'air dissout tente de s'échapper. Lorsque le givrage est rapide, les gouttelettes congèlent instantanément au moment du contact sous la particule de glace, ce qui lui donne souvent une forme conique, avec une base en forme de bouclier. L'air dissout dans l'eau n'a pas le temps de s'échapper et la glace contient une multitude de petites bulles d'air piégées. Ces bulles diminuent sa densité et diffusent la lumière, rendant ainsi la glace opaque. Les particules de neige en grains et de neige roulée ont une densité comprise entre 0,1 et 0,7.

Une plaquette hexagonale de 1 millimètre de diamètre qui tombe dans un nuage contenant 0,5 gramme par mètre cube d'eau liquide surfondue, peut, par accrétion, donner naissance à une particule de neige roulée sphérique de 1 millimètre de diamètre en moins de 10 minutes. Avec une densité de 0,1, une telle particule tombe à la vitesse d'environ 1 mètre par seconde et engendre, en fondant, une goutte de 460 micromètres de diamètre.

Lorsque le givrage est lent, l'eau liquide se répartit sur toute la surface de la particule de glace avant de congeler. Sa forme se rapproche de la sphère. Les bulles d'air sont peu nombreuses. La particule de glace a alors une densité comprise entre 0,7 et 0,9 et un aspect transparent ou translucide. C'est le cas des particules de grésil et des granules de glace qui sont en général sphéroïdaux ou irréguliers, et dont le diamètre peut atteindre 5 millimètres.

Lorsque la taille de la particule de givre dépasse 5 millimètres, on l'appelle grêlon. Le grêlon représente un cas extrême de croissance par accrétion. Il se développe dans des nuages convectifs vigoureux, qui contiennent beaucoup d'eau liquide. Il peut être formé entièrement dans une région de croissance rapide (glace opaque), entièrement dans une région de croissance lente (glace claire) ou à l'occasion de passages successifs dans des régions de croissances différentes. Dans ce dernier cas, il est constitué de couches alternativement sombres et claires. On a ainsi observé, dans un même grêlon, jusqu'à une dizaine de couches alternées, tel un oignon. On a longtemps interprété ces couches comme le résultat de montées et descentes du grêlon dans le nuage, mais cette explication n'est pas fondée. Si un grêlon collecte rapidement des gouttelettes surfondues, sa température de surface augmente sous l'effet de la chaleur latente libérée par la congélation. Dans ces conditions, une partie de l'eau collectée reste liquide. Soit elle se perd dans le sillage du grêlon, soit elle est incorporée dans la structure de la particule, pour former de la grêle spongieuse.

Les grêlons sont généralement sphéroïdaux, coniques ou irréguliers. Leur taille varie entre 5 et 50 millimètres. Les plus gros grêlons collectés à ce jour avaient un diamètre de plus de 15 centimètres et pesaient 972 grammes (près de Strasbourg) et 770 grammes (à Coffeyville dans le Kansas aux États-Unis). Des particules de glace plus grosses (3,8 kilogrammes à Hyderabad en Inde) ont aussi été collectées, mais il s'agissait probablement d'agrégats de plusieurs grêlons et non de grêlons uniques. De tels grêlons tombent à près de 150 kilomètres par heure et peuvent tuer des personnes et des animaux ou endommager les toits et les voitures. La grêle est aussi un fléau pour l'agriculture : elle hache la végétation, détruit les jeunes pousses, rend les fruits impropres à la vente. En France, chaque année, plusieurs dizaines de communes sinistrées sont déclarées aux assurances, pour un montant total supérieur à 100 millions d'euros. Nous verrons dans le chapitre 8 par quels moyens les météorologues tentent de prévoir ces précipitations.

7

Orages et grains

Dans certaines situations météorologiques, les cumulonimbus deviennent particulièrement actifs et engendrent des orages et des grains. On les qualifie alors de nuages d'orage ou plus simplement d'orages. Ces nuages produisent la majeure partie des précipitations de notre planète. Ils se développent le plus fréquemment dans les régions les plus humides de la zone intertropicale et dans les masses d'air d'origine maritime qui traversent les continents surchauffés. Les orages peuvent être extrêmement violents : certains ont engendré des tornades soufflant à plus de 400 kilomètres par heure, des pluies torrentielles supérieures à 150 millimètres par heure, des grêlons plus gros qu'une orange et des foudroiements importants. Ces perturbations causent chaque année de nombreux dégâts.

L'orage est l'un des phénomènes naturels les plus spectaculaires et les plus dévastateurs. Il a toujours fasciné les scientifiques et les artistes, mais également sorciers et charlatans. Toutefois, ce n'est que depuis quelques années que l'on dispose des moyens nécessaires pour observer et décrire le fonctionnement d'un nuage d'orage.

À l'intérieur du nuage, les vitesses verticales dépassent parfois 150 kilomètres par heure. Au sol, on constate des sautes de vent et de température, rapides et violentes. Ces mouvements parviennent souvent à s'organiser et à prendre des structures bien définies. Pour comprendre la dynamique des nuages d'orage, on étudie les mouvements

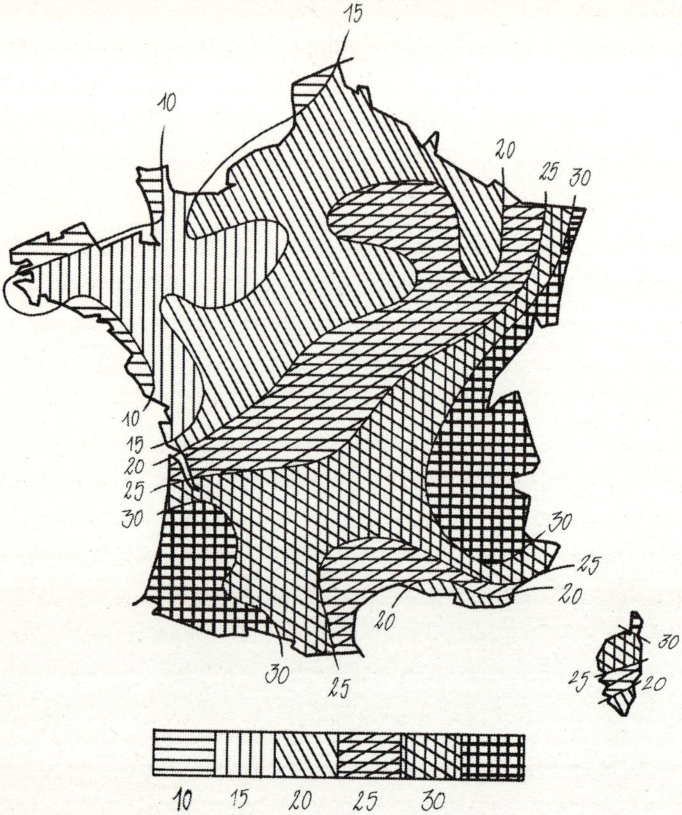

50. Moyennes annuelles du nombre de jours avec orage, sur la France, durant la période 1971-2000.

de l'air et les variations de température, d'humidité et de pression qui leur sont associées. Bien entendu, l'organisation dynamique agit sur la composition microphysique, puisque les vents apportent dans les nuages des parcelles d'air provenant de milieux ambiants différents. Dans la Nature, microphysique et dynamique sont indissociables, sauf dans certains nuages peu développés. De même, nous verrons que l'intensité des phénomènes électriques qui apparaissent dans les nuages est déterminée par la nature des précipitations, donc par la microphysique et par la dynamique.

Les orages naissent et se développent dans une atmosphère en instabilité conditionnelle ou en instabilité potentielle. Au départ, il existe un fort déséquilibre énergétique entre les couches voisines de la surface terrestre et la moyenne troposphère (située entre 3 et 6 kilomètres d'altitude). Nous avons vu que la convection pouvait être déclenchée par le soulèvement d'un volume d'air, chauffé par le sol ou rencontrant une surface frontale, une barrière montagneuse, ou soumis à une convergence des vents de surface. Lorsque la convection a du mal à s'enclencher, l'atmosphère accumule de l'énergie dans les couches voisines de la surface terrestre et augmente ainsi son déséquilibre énergétique vertical et son potentiel de convection : un orage violent se prépare. Sur la figure 41 (page 110), dans le dernier encadré du chapitre 5, cela se traduit par une augmentation de la surface AE (CAPE) qui représente l'énergie convective disponible. Le frein à la convection, représenté par la surface AI (CIN) sur la même figure, joue le rôle du couvercle sur une marmite. S'il résiste, il empêche toute convection de démarrer, et l'énergie s'accumule jusqu'à atteindre un point de rupture. Lorsqu'il est trop faible, il cède rapidement et empêche l'atmosphère d'accumuler beaucoup d'énergie convective.

Les images radar permettent d'examiner l'organisation interne des orages. On distingue les orages ordinaires, qui sont de courte durée, des systèmes orageux organisés qui persistent plusieurs heures et s'étendent sur plusieurs centaines de kilomètres. L'élément de base est la cellule, région active du nuage, associée à un fort courant d'air ascendant, lieu de formation des précipitations. Chaque cellule dépasse rarement quelques kilomètres de diamètre et 40 minutes de durée de vie. Un orage contient une ou plusieurs cellules, indépendantes ou regroupées de manière organisée.

Les orages ordinaires sont composés d'une ou plusieurs cellules indépendantes dont le diamètre ne dépasse pas quelques kilomètres et qui perdurent entre 30 et 60 minutes. Pour chaque cellule, on distingue trois étapes de développement *(voir la figure 51)*.

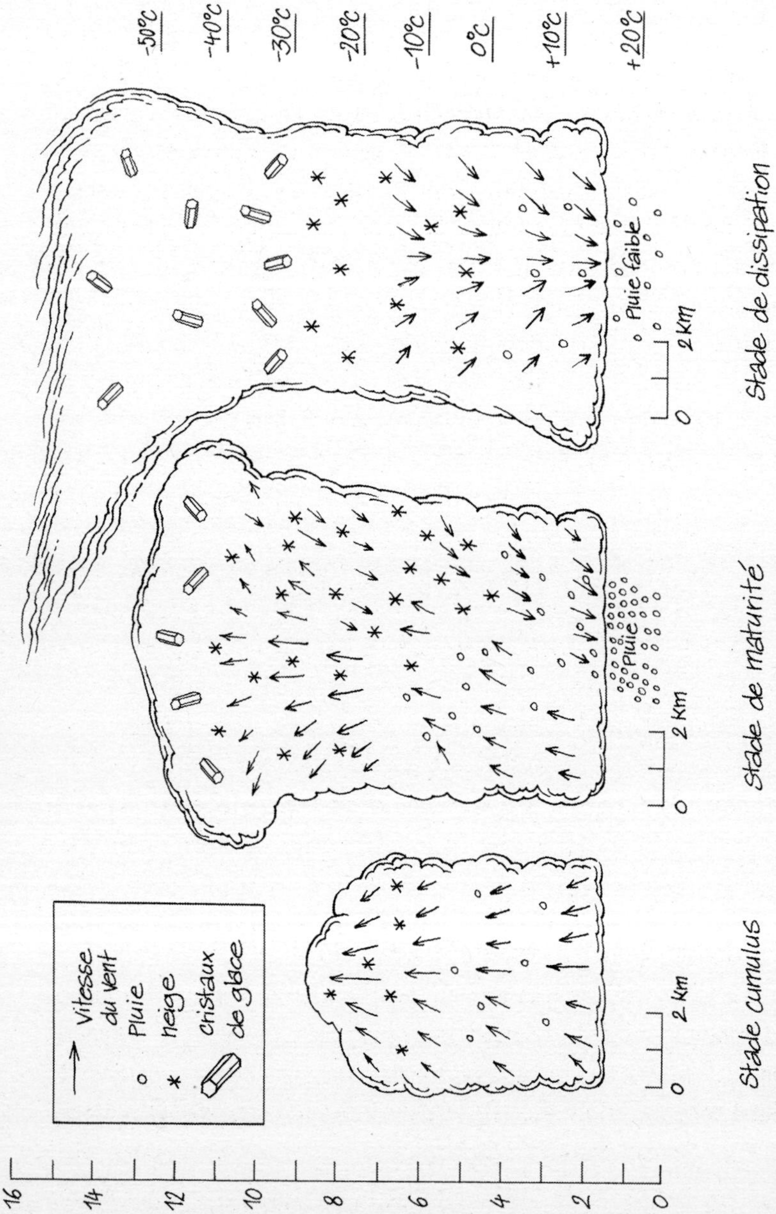

51. Les trois phases de développement d'une cellule orageuse ordinaire et isolée.

Pendant la phase de croissance, appelée « stade cumulus », la cellule est le siège d'un courant d'air chaud ascendant. Son sommet monte rapidement (40 à 60 kilomètres par heure) et prend l'apparence d'une tour. Formées dans l'ascendance et devenues suffisamment grosses, les gouttes d'eau liquide et les particules de glace commencent à tomber, en entraînant de l'air dans leur chute. À ce moment, le courant ascendant et un courant descendant associé aux précipitations coexistent dans la cellule : c'est le « stade de maturité ». L'air entraîné est refroidi par l'évaporation des précipitations, ce qui le rend plus dense et accélère sa chute. Arrivé au voisinage du sol, il s'étale et donne naissance à des coups de vent froid parfois violents : les grains. Dans le même temps, le sommet de la cellule atteint la tropopause et commence à s'étaler. Cette phase correspond à la période d'intensité maximale de l'orage.

Le « stade de dissipation » débute lorsque les précipitations couvrent toute la surface de la cellule dans sa partie inférieure. Le sommet a pris la forme d'une enclume. Le courant ascendant n'est plus alimenté, et le courant descendant s'étend à tous les niveaux de la cellule. Celle-ci commence alors à se dissiper. Les gouttelettes et les cristaux du nuage s'évaporent progressivement.

Les orages ordinaires sont de courte durée. Ils produisent de bonnes averses, mais rarement des coups de vent violents ou d'importantes chutes de grêle.

Courants descendants et fronts de rafale

Le courant descendant froid associé aux précipitations joue un rôle important dans l'organisation et la vigueur des systèmes orageux (*voir la figure 52*). Il peut même avoir un effet aussi spectaculaire qu'une tornade. Nous l'avons vu, la convection est une circulation verticale de l'air atmosphérique destinée à réduire le déséquilibre énergétique qui, dans certaines situations, s'est creusé entre les basses couches de la troposphère et les couches intermédiaires ou supérieures. L'air chaud et humide des basses couches monte pour

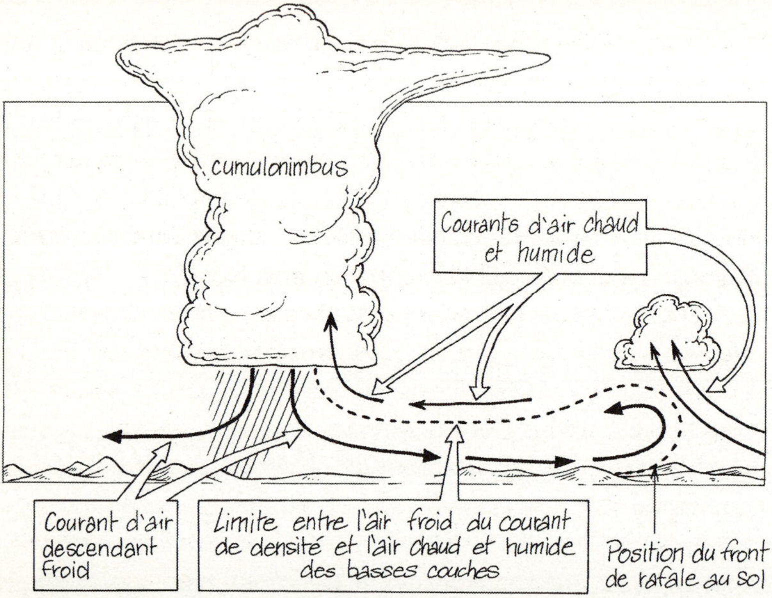

52. Courant de densité. L'air refroidi par les précipitations s'étale sur le sol et engendre un front de rafale. Celui-ci entretient la convection en facilitant le soulèvement de l'air chaud et humide des basses couches.

apporter un complément d'énergie aux couches supérieures, et l'air bien moins énergétique (plus froid et plus sec) qui était présent à ces niveaux descend pour le remplacer. Pour le développement et le maintien de la convection, l'aptitude de l'atmosphère à permettre la formation de courants descendants est aussi importante que son aptitude à engendrer des courants ascendants. La convection ne pourrait pas se développer à l'échelle des cumulus ou des cumulonimbus si l'air chaud et humide ascendant n'était pas aussitôt remplacé par de l'air descendant. Plus cet air est lourd, plus la compensation est rapide.

Cependant, autour du nuage, l'air est sec et, en l'absence d'un apport d'eau extérieur, il doit descendre en suivant un processus adiabatique sec. Il se réchauffe de près de 10 °C par 1 000 mètres de hauteur de chute. Il devient alors rapidement plus chaud et donc plus léger que son environnement, ce qui freine sa descente.

Ainsi, les courants descendants qui entourent les cumulus non précipitants (ou cumulus de beau temps) ne dépassent pas quelques dizaines de centimètres par seconde. Pour remplacer, dans les basses couches, les grandes quantités d'air qui sont montées dans le nuage à plusieurs mètres par seconde, les courants descendants doivent alors s'établir sur de très grandes surfaces. Cela explique la présence de grands espaces de ciel bleu entre ces nuages.

Lorsque des précipitations se forment, le processus diffère. En effet, en sortant du nuage, les précipitations rencontrent de l'air sous-saturé et s'évaporent pour l'humidifier. Par la même occasion, elles le refroidissent et l'alourdissent. Les quantités évaporées et donc le refroidissement sont d'autant plus importants que l'air était initialement plus sec. Devenu plus lourd que son environnement, l'air est accéléré vers le bas. Pendant sa chute, il rencontre des pressions croissantes et, par conséquent, il se comprime, se réchauffe et tend à s'assécher. Quand cet air reste au milieu des précipitations, l'évaporation se poursuit pendant toute la descente et limite son réchauffement. La température suit alors un gradient adiabatique saturé (environ 6 °C par 1 000 mètres), et l'air reste bien plus froid et plus lourd que son environnement, à chaque stade de sa chute.

Ce courant froid assure une grande partie du flux descendant nécessaire pour remplacer, dans les basses couches, l'air qui est monté dans l'ascendance. Les conditions d'instabilité propices à la descente de parcelles d'air d'altitude, froid et sec, sont les mêmes que celles qui favorisent l'ascendance des parcelles d'air chaud et humide des basses couches. Dans le cas d'une instabilité conditionnelle, la différence principale tient à la disponibilité de l'eau nécessaire pour assurer l'humidification de l'air et maintenir un processus adiabatique saturé. Lors d'une ascendance, l'eau nécessaire est disponible dans la parcelle d'air sous forme de vapeur, et une fois la saturation atteinte, les processus de condensation et de libération de chaleur latente se poursuivent jusqu'au sommet de la trajectoire. Dans le cas d'un courant descendant, la compression subie pendant le trajet a tendance à assécher l'air et un processus adiabatique saturé n'est possible que si de l'eau condensée (liquide ou solide) est apportée en quantité suffisante par l'évaporation de précipitations.

En arrivant au sol, le courant descendant s'étale et se transforme en vent horizontal. Il donne naissance au fameux coup de vent sous orage ou front de rafale, généralement froid et soudain. On ne l'associe pas toujours aux orages, car ses effets se font parfois ressentir à plusieurs dizaines de kilomètres de l'orage, trop loin pour que celui-ci soit visible. Dans les basses couches, ce courant froid peut favoriser le soulèvement de l'air chaud qui s'y trouve et déclencher l'instabilité, lorsque l'environnement est en instabilité conditionnelle ou en instabilité potentielle. L'effet peut être immédiat et permettre au système orageux de persister ou intervenir plusieurs heures, voire plusieurs jours plus tard, lorsque les conditions deviennent favorables.

Un tel courant (dit courant de densité) se propage en raison de la différence de masses volumiques qui existe entre l'air descendant et son environnement. Il est facile à reproduire dans un aquarium rempli d'eau. Il suffit de verser un fluide coloré, plus lourd que l'eau, dans l'aquarium et d'observer son déplacement. Le fluide coloré se dirige d'abord vers le fond, puis s'étale en se propageant horizontalement. Pendant son déplacement, il soulève l'eau, plus légère, qui se trouve sur sa trajectoire. Sa vitesse de déplacement et la brutalité du soulèvement dépendent à la fois de la quantité de fluide versé et de la différence de densités entre les deux fluides en présence.

Lorsque l'air descendant est très lourd, l'étalement au voisinage du sol risque d'être violent, on a affaire à une rafale descendante. Les anglophones nomment ce courant *downburst* pour marquer qu'il se dirige vers le bas *(down)* et que son étalement près du sol a les effets d'une explosion *(burst)*, détruisant tout sur son passage. Les vents de surface dépassent parfois 200 kilomètres par heure sous forme d'une rafale qui ne dure que quelques minutes. Les dégâts associés à ce phénomène sont considérables. En France, où les tornades sont rares, la majeure partie des dégâts qui leur sont attribués résultent des courants descendants. Les deux phénomènes sont très différents, puisque les tornades correspondent à la montée vers les nuages d'air qui se trouvait près du sol, alors que, pour les courants descendants, c'est l'inverse qui se produit. La compréhension de ce mécanisme est récente. En effet, l'air situé en altitude étant peu dense, les scientifiques ont longtemps considéré que les courants d'air descendants étaient rapidement amortis en arrivant sur le matelas d'air dense des basses couches. Selon eux, ces courants d'air ne pouvaient donc se rapprocher suffisamment du sol pour y provoquer des dégâts tels que ceux observés. Le phénomène connu le plus probable pour créer de tels dégâts était alors la tornade.

Ces courants sont aussi dangereux pour la navigation aérienne. Lorsqu'ils sont encore accompagnés de précipitations, ils sont facilement visibles et détectables par un radar. En revanche, lorsque l'air est sec et évapore toutes les précipitations en altitude, il peut descendre jusqu'au sol sans être visible. Souvent rapide et brutale, son arrivée est difficilement prévisible. Le courant descendant menace alors les avions, surtout en phase de décollage et d'atterrissage. De nombreux accidents ont été attribués à ce phénomène *(voir la figure 53)*. Quand le vent est faible dans les basses couches, le courant descendant froid s'étale dans toutes les directions en se rapprochant du sol. À la traversée de ce courant à basse altitude, le vent change de direction soudainement. Lorsqu'il s'approche de cette situation, un avion rencontre d'abord un fort vent de face. Sa portance augmente et oblige le pilote à compenser en piquant du nez. À ce moment, l'avion qui arrive au cœur du courant descendant est entraîné brutalement vers le bas. Il se retrouve presque aussitôt en vent arrière, ce qui réduit fortement la portance de l'air et l'entraîne encore plus vers le bas. En quelques secondes, la vitesse de l'air sur l'avion peut diminuer de plus de 150 kilomètres par heure, la portance diminue fortement, et l'avion perd de l'altitude. En phase d'approche ou de décollage, les avions volent à basse vitesse, et ce changement peut être suffisant pour qu'ils se retrouvent

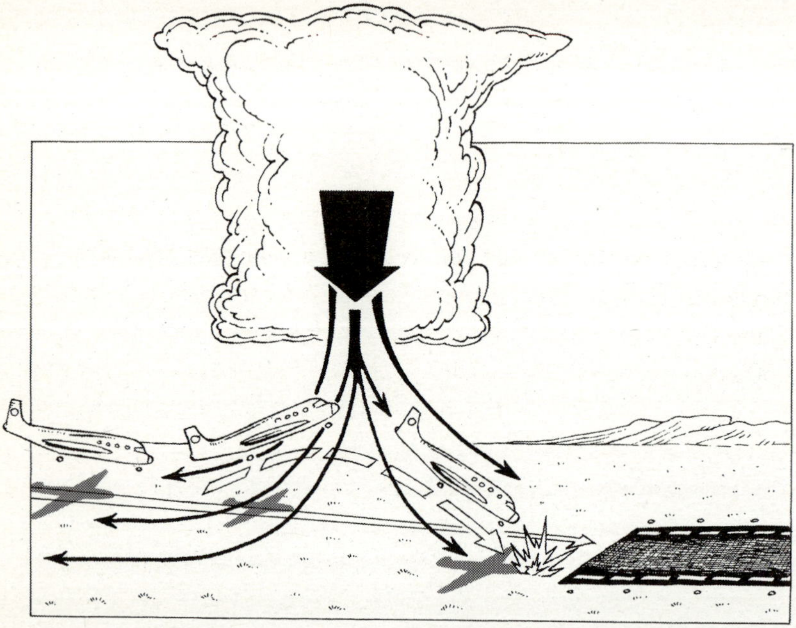

53. Trajectoire d'un avion pris dans une rafale descendante pendant la phase d'approche de son atterrissage.

au-dessous de la vitesse de décrochage, vitesse minimale à laquelle un avion peut encore voler. Des aéroports comme ceux de Denver et de Chicago aux États-Unis, sont souvent exposés à de telles conditions : lorsque le vent d'altitude souffle de l'ouest, l'air a perdu la majeure partie de son humidité en traversant les montagnes Rocheuses. Si la convection démarre, il se trouve alors dans des conditions idéales pour évaporer un maximum de précipitation et produire des courants descendants violents. De nombreux accidents mortels ont été enregistrés dans de telles situations. Les autorités aéronautiques ont dû dépenser des sommes considérables en étude et développement de systèmes d'alerte pour pouvoir maintenir une activité soutenue, en particulier pendant les chaudes après-midi de printemps et d'été. Les avions ont été dotés de radars Doppler, capables de détecter les cisaillements de vent (variations brusques de la vitesse ou de la direction du vent) en air clair, sur quelques kilomètres en avant de leur trajectoire envisagée.

Les supercellules

Le plus violent des orages est constitué d'une cellule géante à caractère persistant ou supercellule. Cette cellule peut atteindre une vingtaine de kilomètres de diamètre et persister plusieurs heures. Dans ces orages, de vastes courants ascendants dépassent parfois 150 kilomètres par heure et sont capables de maintenir en suspension des grêlons gros comme des pamplemousses. Les courants descendants dépassent parfois 100 kilomètres par heure. La circulation de l'air y reste stationnaire tant que les courants ascendants et les courants descendants s'entretiennent mutuellement. La description de ce type d'orage s'est affinée au fil des ans, en particulier à la suite d'analyses détaillées des données radar. L'image radar d'une supercellule présente un aspect caractéristique *(voir la figure 54)* : l'ascendance est marquée par une zone d'échos faibles, en forme de vaste voûte, entourée d'échos intenses. Cette voûte est la signature des régions ascendantes. La vitesse verticale y est si élevée que les gouttelettes et les cristaux de glace n'ont pas le temps d'atteindre une taille suffisante pour être détectables par les radars. En outre, ni la pluie ni la grêle n'y séjournent, car elles sont immédiatement rejetées vers le haut ou sur les côtés. Autrement dit, l'ascendance ne renferme aucun objet susceptible d'engendrer des échos radar importants.

Les gros hydrométéores confinés autour de l'ascendance provoquent en revanche des échos intenses, qui dessinent la voûte. Ces orages sont de loin les plus violents. Ils produisent les grêlons les plus gros, les foudroiements les plus violents et les tornades les plus intenses et les plus persistantes. Ils ne sont pas fréquents (un ou deux par an dans une région comme le Sud-Ouest de la France) mais sont responsables de dégâts importants.

Les supercellules se développent dans des conditions météorologiques précises : un rapide changement du vent avec l'altitude et

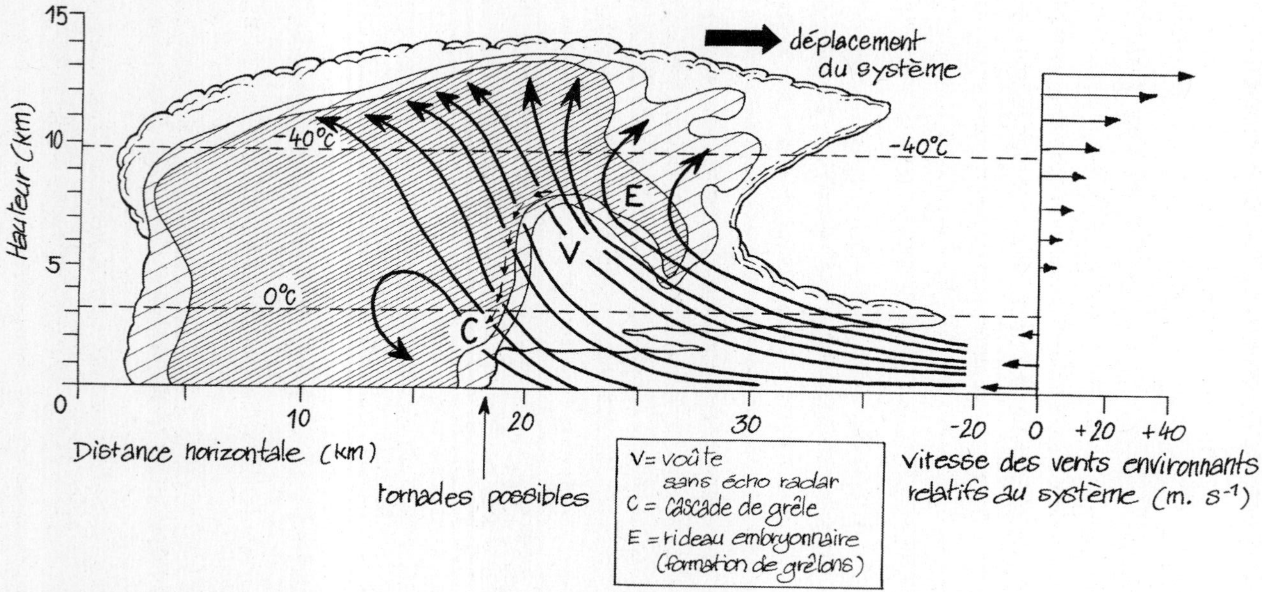

54. Cellule géante persistante ou « supercellule ». La voûte sans échos radar (V) correspond à la région où les courants ascendants sont si rapides que les gouttes ou les cristaux n'ont pas le temps de grossir. Les grêlons se forment dans le rideau embryonnaire (E) et finissent par tomber sous forme de cascade (région C). Les tornades les plus violentes se forment près de la limite entre la cascade de grêle et la voûte sans écho.

une instabilité conditionnelle ou potentielle, avec de l'air chaud et humide près du sol et de l'air froid et sec en altitude. Faisant obstacle à la circulation des vents extérieurs, le nuage crée des perturbations de pression, lesquelles engendrent à sa périphérie des mouvements verticaux qui renforcent la convection. Ces perturbations permettent aussi la formation de vastes enclumes, au sommet des nuages, où l'air ascendant est aspiré comme la fumée hors d'une cheminée. À ce niveau, l'air ascendant devient bien plus froid que son environnement et il est encore chargé de particules de glace. Dans une cellule ordinaire, il retomberait dans la colonne d'air ascendant et tendrait à la freiner ou à la neutraliser.

Dans la moitié inférieure du nuage, le renforcement avec l'altitude du vent environnant se traduit par une inclinaison de l'ascendance. Les précipitations sortent rapidement de cette zone pour tomber dans l'air extérieur environnant, en créant un fort courant descendant. Arrivé près du sol, l'air s'étale et forme un front froid, nommé pseudo-front, dans la région de rencontre avec l'air chaud et humide qui alimente le nuage. Dans les cas extrêmes, lorsque l'air de la moyenne troposphère est très sec, la différence de température entre l'air chaud et l'air descendant peut atteindre 10 °C. Le pseudo-front froid ainsi formé renforce encore la convection et permet le maintien de l'ascendance, parfois pendant plus de deux heures.

Dans une cellule géante, les flux de matière et d'énergie peuvent être 40 ou 50 fois plus importants que dans une cellule ordinaire. La chaleur libérée par condensation de la vapeur d'eau dans une seule cellule représente une puissance (énergie par unité de temps) supérieure à celle de toutes les centrales électriques installées sur le territoire français.

Dans les chapitres précédents, nous avons vu que la convection s'alimentait d'air chaud et humide dans les basses couches et d'air froid et sec dans la moyenne et haute troposphère. L'observation des cellules géantes met en évidence un autre ingrédient indispensable à la formation de systèmes violents et persistants : une forte variation du vent avec l'altitude.

Les systèmes convectif organisés

D'autres systèmes convectifs persistent parfois de nombreuses heures : ce sont les systèmes convectifs organisés. En présence d'une instabilité de moyenne ou de grande échelle, les orages s'organisent fréquemment en ensembles nuageux de grande dimension : systèmes multicellulaires, lignes de grains, amas convectifs et cyclones tropicaux. Ces systèmes sont composés de cellules convectives qui se renouvellent. La dissipation des cellules les plus anciennes est systématiquement compensée par la naissance de nouvelles cellules.

Un système multicellulaire *(voir la figure 55)* contient, à un instant donné, trois ou quatre cellules ordinaires, à des phases de

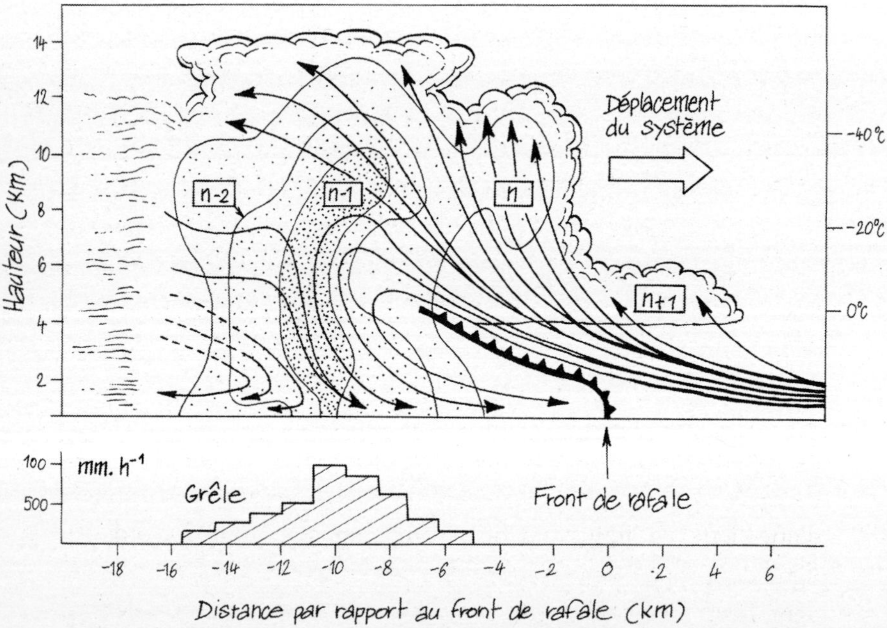

55. Orage multicellulaire. Il est composé de cellules notées de (n – 2) à (n + 1). La cellule (n – 2) est en phase de dissipation. Les cellules n et (n + 1) se développent sous l'impulsion du courant de densité engendré par les précipitations de la cellule (n – 1). La dissipation des cellules anciennes est compensée par le développement de nouvelles cellules, et ce durant plusieurs heures.

croissance différentes. Chaque cellule dure environ 30 à 50 minutes, mais lorsqu'une cellule arrive à maturité, le courant descendant qui s'écoule sous forme de front de rafale engendre une nouvelle cellule qui se développe et entretient le système. Ce dernier perdure ainsi plusieurs heures et donne lieu à des phénomènes plus violents et plus durables que ceux généralement associés aux orages ordinaires. Ils se développent dans des conditions météorologiques instables, en présence de variations du vent horizontal avec l'altitude qui sont modérées dans les basses couches mais fortes dans la moyenne et la haute troposphère.

Les lignes de grains comportent plusieurs dizaines de cellules grossièrement alignées. Certaines atteignent près de 1 000 kilomètres de long et 300 ou 400 kilomètres de large. Elles se développent aussi bien dans les régions tropicales que dans les régions tempérées. Elles durent plusieurs jours et se déplacent sur plusieurs milliers de kilomètres. Dans les régions quasi désertiques de l'Afrique subsahélienne, elles fournissent la majeure partie des précipitations. Ces systèmes ont donné lieu à de nombreuses études. Ainsi, une expérience dénommée COPT81 (pour Convection profonde tropicale), organisée en 1981 par des laboratoires français et ivoirien, a permis de décrire et de simuler la structure des lignes de grains qui affectent les régions tropicales. La partie avant, convective, est constituée par plusieurs dizaines de cellules alignées perpendiculairement au vent ambiant et sans cesse renouvelées. La partie arrière est constituée d'une couche nuageuse en forme d'enclume, qui occupe jusqu'à 90 % de la surface totale du système. À l'arrivée d'une ligne de grains, un observateur aperçoit tout d'abord une ligne de nuages noirs en forme de rouleau, puis ressent un coup de vent froid et soudain (grain). Le ciel s'obscurcit et l'observateur subit une averse intense associée à la partie convective. Cette averse dure une trentaine de minutes et fournit quelques dizaines de millimètres de pluie. Elle est suivie d'une pluie plus fine et plus régulière, qui est associée à l'enclume et dure plusieurs heures.

Les amas convectifs sont des systèmes convectifs de moyenne échelle (quelques centaines de kilomètres) constitués par un grand nombre de cellules. Celles-ci sont organisées au hasard et se renouvellent de façon continue. Pendant les premières phases de développement, l'amas est essentiellement constitué de cellules convectives, génératrices d'averses. Puis, une large enclume presque circulaire se développe et engendre des précipitations régulières et étendues. Lorsque l'amas atteint la phase de dissipation, il n'est plus constitué que d'une enclume, les averses cessent et les précipitations s'affaiblissent.

Les cyclones tropicaux se développent au-dessus de la surface chaude des océans tropicaux *(voir la figure 56)*. L'atmosphère réchauffée forme un centre de basse pression atmosphérique (ou œil du cyclone) qui correspond à une région de courants descendants et peut être totalement dépourvu de nuage. Autour de l'œil, l'air des basses couches s'enroule en spirale, les cellules convectives se développent et forment un mur circulaire où les courants ascendants sont rapides. Les averses associées sont généralement intenses et, près du sol, le vent peut souffler à plus de 300 kilomètres par heure. Autour du mur, on observe une enclume de grande dimension, qui donne naissance à des précipitations régulières. Par endroits, l'enclume cède la place à des cellules convectives organisées en bandes qui s'enroulent en spirales autour de l'œil, et sont associées à des averses de pluie intense. Les cyclones tropicaux perdent de leur intensité lorsqu'ils traversent des continents ou des régions plus froides de l'océan.

La foudre

Parmi les phénomènes associés aux nuages d'orage, la foudre a particulièrement frappé l'imaginaire et terrorisé l'homme depuis les temps les plus reculés. Elle a longtemps été associée à la colère des dieux. La foudre est une décharge électrique qui se propage entre des cellules orageuses, au sein d'une même cellule ou entre le nuage et le sol. Sa manifestation visible est l'éclair, sa manifestation acoustique est le tonnerre.

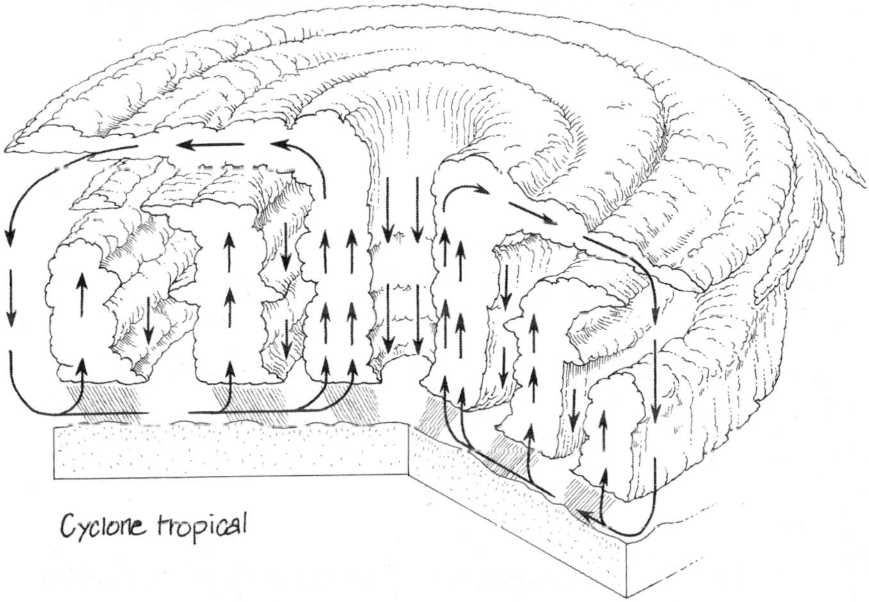

56. Un cyclone tropical dessine une spirale sur cette photographie satellite *(a)*, où l'on repère aussi la côte est de l'Amérique du Sud *(en bas à gauche)* et la côte ouest de l'Afrique *(à droite)*. Des bandes nuageuses s'enroulent en spirales autour d'un œil souvent dépourvu de nuage. Composées de cellules convectives intenses *(b)*, ces bandes nuageuses sont le siège de forts courants ascendants. Au sol, les vents sont violents et accompagnés de précipitations intenses.

Dans un nuage d'orage, la différence de potentiel électrique entre deux zones chargées, ou entre la base du nuage et le sol, atteint plusieurs centaines de millions de volts. La décharge électrique associée à un éclair excède parfois 200 000 ampères. Un tel courant ne dure que quelques microsecondes mais représente une puissance électrique considérable. Il transfère dans le sol une charge électrique de plusieurs dizaines à une centaine de coulombs. Pour référence, la force de répulsion qui existe entre deux charges de seulement un coulomb séparées d'un mètre est d'un milliard de newtons, soit l'équivalent d'une poussée de 100 000 tonnes. Dans le champ électrique habituel de l'atmosphère ou champ électrique de beau temps, une masse de 10 kilogrammes portant une charge négative de 1 coulomb serait en lévitation !

À chaque instant, plus de 2 000 orages sont en activité sur notre planète. Un pays tel que l'Indonésie compte en moyenne plus de 200 jours d'orage par an. En France, où la moyenne annuelle n'est que de 20 jours, la foudre tue chaque année plus d'une vingtaine de personnes et de l'ordre de 20 000 têtes de bétail. Le réseau Météorage détecte en moyenne un million d'impacts de foudre au sol par an. En une seule journée, le 6 août 1999, il en a détecté plus de 78 000.

En raison de ses conséquences parfois dramatiques, l'homme a longtemps tenté d'expliquer la foudre. C'est Benjamin Franklin, au XVIIIe siècle, qui a démontré la nature électrique de l'éclair. Nos connaissances en électricité atmosphérique ont énormément progressé depuis, grâce à des expériences en laboratoire. Cependant, la compréhension des phénomènes naturels est encore insuffisante, à cause notamment des difficultés rencontrées pour effectuer des mesures *in situ*. Aussi, ce sujet de recherche demeure-t-il intéressant, puisque encore mal expliqué, et important, à cause des dégâts associés à la foudre.

Les nuages jouent un rôle important dans l'établissement et la répartition du champ électrique atmosphérique. Le champ électrique moyen de l'atmosphère diminue rapidement avec l'altitude.

Par beau temps, ce champ est, en moyenne, de 120 volts par mètre au niveau du sol et décroît avec l'altitude pour atteindre 4 volts par mètre vers 10 kilomètres. À partir de 20 kilomètres, le potentiel est constant et s'établit à environ +240 000 volts par rapport à celui du sol. En l'absence d'un processus de maintien, l'atmosphère se déchargerait rapidement. Les orages constituent le principal mécanisme de transport de charges négatives vers le bas, qui maintient ce champ électrique. Ainsi, la charge de la Terre reste voisine de –550 000 coulombs, alors que celle de l'ionosphère est globalement neutre.

Dans les cumulonimbus, les forts courants ascendants transportent vers le haut des gouttelettes d'eau surfondue et de petits cristaux de glace, alors que des particules de givre (grésil, neige roulée, grêle) devenues suffisamment grosses descendent sous l'effet de leur poids. Les multiples collisions entre particules de givre et cristaux de glace provoquent une séparation de charges. En suivant les courants ascendants, les particules légères transportent des charges vers le haut, tandis que les particules givrées, plus lourdes, emportent vers le bas des charges de signe opposé. Le signe de la charge transportée dépend du type et de la taille des particules entrant en collision, mais aussi de la température de l'air et de son contenu en eau liquide. Dans les bas niveaux du nuage où l'air est plus chaud, les particules de givre transportent des charges positives vers le bas alors que les cristaux transportent des charges négatives vers le haut. À partir d'un certain niveau, correspondant à la température d'inversion de polarité, le processus s'inverse : les particules de grésil transportent des charges négatives, alors que les cristaux transportent des charges positives. Des vitesses de chute différentes vont ensuite conduire les particules dans des régions distinctes et contribuer à la création, dans le nuage, de zones à charge dominante, soit positive, soit négative. La température d'inversion de polarité se situe en moyenne autour de –10 °C. Des travaux récents ont montré qu'elle dépendait surtout du contenu en eau liquide surfondue du nuage.

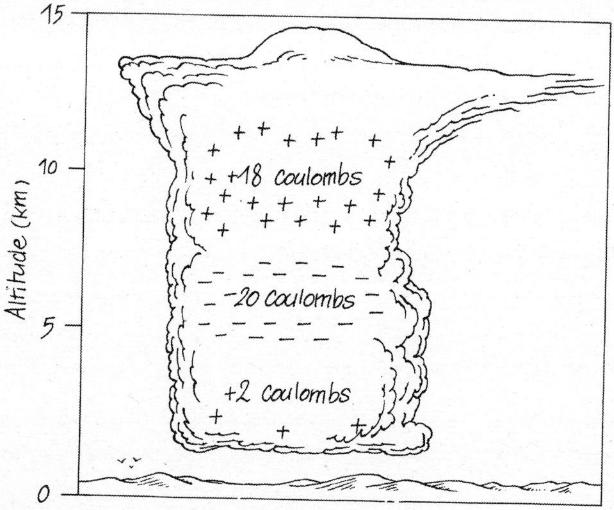

57. Répartition des charges électriques dans un cumulonimbus, suivant une structure tripolaire.

À cause de ces transports de charges, les orages développés présentent généralement une structure électrique en couches alternées de charges opposées. Par exemple, sur la figure 57, le nuage a une structure tripolaire, avec une région de forte charge négative (20 coulombs) dans le tiers inférieur du nuage, une région de forte charge positive (18 coulombs) dans la partie supérieure et une région de faible charge positive (2 coulombs) dans la partie inférieure.

Pour déclencher une étincelle au niveau du sol et lorsque l'air est plutôt sec, il faut un champ électrique d'environ 3 millions de volts par mètre. En altitude et en présence de gouttes d'eau, moins de un million de volts par mètre suffisent. Plus la taille et la charge des gouttes précipitantes augmente, plus le champ nécessaire au déclenchement de la décharge diminue. À l'aide de ballons ou d'avions, on a relevé des champs supérieurs à 300 000 volts par mètre dans des régions de fortes précipitations contenant de la grêle, généralement au voisinage de l'isotherme 0 °C. Des champs bien plus forts peuvent exister localement ; mais il est difficile d'atteindre les régions les plus intenses des orages et l'interprétation des données est délicate, compte tenu des perturbations dues à l'avion et des limites de l'instrumentation.

Si le champ électrique devient suffisamment intense, une décharge se produit et se propage. Les éclairs nuage-sol naissent près de la base des nuages sous forme de décharges ou traceurs, invisibles à l'œil. Ceux-ci se propagent vers le sol par bonds d'environ 50 mètres, à quelques centaines de kilomètres par seconde. Quand un tel traceur se trouve entre 10 et 100 mètres du sol, un traceur de connexion part à son tour du sol, à sa rencontre. Lorsque les deux traceurs entrent en contact, ils créent un court-circuit. Un grand nombre d'électrons circule alors vers le sol, et un éclair visible et lumineux (arc en retour) se propage du sol jusqu'au nuage, en suivant le chemin que le traceur par bonds a préparé. Cette décharge se produit si vite, que l'ensemble du canal paraît briller au même instant. Sur son trajet, la décharge de retour élève la température de l'air de plus de 20000 °C (c'est énorme !). Dans le canal, la pression est portée instantanément à plusieurs dizaines de fois la pression atmosphérique au sol ou plusieurs dizaines de milliers d'hectopascals. La brusque dilatation qui s'ensuit crée un choc et engendre une onde sonore : BANG, c'est le tonnerre.

Contrairement aux éclairs que l'on vient de décrire, la plupart des foudroiements de grands immeubles sont précédés par des traceurs qui démarrent près du sommet de l'immeuble, se déplacent par bonds, vers le haut, et se ramifient jusqu'à la base du nuage. Les paratonnerres protègent les grandes structures du foudroiement, en conduisant le courant de foudre directement vers le sol par l'intermédiaire d'un câble conducteur.

Si la microphysique (séparation des charges) et la dynamique (transport des charges) jouent un rôle essentiel dans la constitution du champ électrique des nuages, elles sont en retour peu influencées par la présence de ce champ électrique. L'électricité atmosphérique agirait surtout sur la collection des gouttelettes d'eau ou des cristaux de glace et sur leur vitesse de chute. Dans une différence de potentiel intense, la cohésion (ou coalescence) est plus aisée entre des gouttes chargées, et les vitesses de chute des particules chargées peuvent être modifiées. Cependant, les conséquences de ces phénomènes sur l'évolution ultérieure du nuage paraissent limitées, et en tout état de cause, cette influence est négligeable au moment de la formation des premières précipitations. De nombreux autres effets de l'électricité sur la microphysique ont été envisagés, sans que l'on puisse les démontrer de façon concluante.

La France possède deux réseaux de surveillance de la foudre. Le système Météorage localise les impacts de foudre au sol par mesure de la différence de temps d'arrivée des signaux électromagnétiques sur 28 capteurs répartis sur la France métropolitaine et les pays limitrophes. Le système Safir localise à la fois les impacts de foudre au sol et les décharges intranuages en région parisienne et dans le Sud-Est de la France. Les données ont une précision moyenne d'environ 2 kilomètres sur les zones de couverture optimales.

Les tornades

Autre phénomène associé aux nuages d'orage, la tornade (*voir la figure* 58) est le plus violent des phénomènes météorologiques. Elle produit des vents tournants parfois supérieurs à 500 kilomètres par heure, ce qui correspond au niveau F5 dans l'échelle d'intensités des tornades due à Ted Fujita (*voir l'encadré, à la fin de ce chapitre*). Une tornade est capable d'arracher les arbres, de soulever les voitures, de détruire les habitations ou les bâtiments. Tout ce qui traîne devient projectile : tôles des toits soulevés, portes arrachées, vitres cassées entraînées à plus de 100 kilomètres par heure dans les airs. Chaque année, les tornades tuent plusieurs centaines de personnes et en blessent plusieurs milliers. Les dégâts matériels et agricoles sont considérables. Les États-Unis, particulièrement touchés par ce fléau, essuient chaque année plus de 1 000 tornades. En une seule journée, on a compté près de 700 morts, 2 000 blessés et des

58. Les plus fortes tornades sont produites par les « supercellules ». Elles sont rendues visibles par les gouttelettes qui y naissent ou par la poussière et les débris qu'elles aspirent. Elle peuvent souffler à près de 500 kilomètres par heure.

milliards de dollars de dégâts. Toutes les tornades ne sont pas aussi catastrophiques, et ce sont les plus grosses qui produisent la majeure partie des dégâts.

La tornade est une colonne d'air tourbillonnante, souvent en forme d'entonnoir, rendue visible par les gouttelettes de condensation qui y naissent ou par la poussière et les débris qu'elle aspire. Le vent vertical peut y dépasser 150 kilomètres par heure. Au centre de la tornade, la pression varie fortement, parfois de plus de 100 hectopascals sur une distance de moins de 100 mètres. Ce phénomène explique la formation de gouttelettes très au-dessous de la base des nuages environnants.

Les fortes tornades sont produites par les orages. Les plus violentes et les plus dévastatrices sont produites par les supercellules. Elles partent de la base des nuages et atteignent ou non le sol. Leur diamètre varie de quelques dizaines de mètres à quelques kilomètres, leur durée de vie de quelques minutes à plus de 2 heures, leur trajectoire de quelques centaines de mètres à plus de 100 kilomètres. Leurs vitesses de déplacement sont en moyenne de 50 kilomètres par heure, mais, dans certains cas, elles dépassent 100 kilomètres par heure. Dans l'hémisphère nord, la rotation de l'air dans les tornades est le plus souvent cyclonique (dans le sens contraire des aiguilles d'une montre). Pour autant, ce n'est pas un effet de la rotation de la Terre ni de la force de Coriolis qui lui est due. De la même manière, l'eau qui s'engouffre dans le trou d'évacuation d'un lavabo ou d'une baignoire se préoccupe peu de la rotation de la Terre : à des échelles aussi petites, cette dernière a un effet négligeable sur la circulation des fluides. Le sens de rotation des tornades est simplement dû aux variations avec l'altitude des vents environnants. Les tornades sont plus fréquentes dans les plaines que dans les régions montagneuses ou vallonnées. Aux États-Unis, la fréquence maximale est enregistrée entre avril et juillet, lorsque le gradient vertical de température est à son maximum. Les mécanismes qui donnent naissance aux tornades sont encore assez mal compris. Dans certains cas, le radar Doppler, qui mesure la vitesse de déplacement des poussières et des hydrométéores, fournit des informations utiles sur la structure et la vigueur des tornades. Mais ces dernières sont la plupart du temps d'assez petite taille et ne sont pas faciles à détecter.

Risques naturels

Échelle d'intensité des tornades de Ted Fujita

F0	faible	65-118 km/h	Faibles dégâts. Petites branches cassées et vitres brisées
F1		119-181 km/h	Arbres déracinés et habitations légères déplacées
F2	fort	182-253 km/h	Toits soulevés, habitations légères détruites et gros arbres déracinés
F3		254-332 km/h	Constructions en dur endommagées et véhicules automobiles soulevés
F4	violent	333-419 km/h	Bâtiments détruits et véhicules projetés comme de simples fétus de paille
F5		420-513 km/h	Même les maisons les plus solides peuvent être soulevées et projetées à distance avant d'être désintégrées.

8

Les moyens d'investigation

De nombreux moyens ont été mis en place pour observer les nuages, les précipitations et les conditions météorologiques associées. Les stations météorologiques, les radiosondages, les systèmes de localisation des décharges électriques, les radars météorologiques, etc. constituent des moyens d'observation systématique. Ils fournissent des informations régulières sur les conditions météorologiques ainsi que sur la répartition spatiale des précipitations et de la foudre. Ils sont extrêmement utiles pour analyser la répartition des orages ou des précipitations et permettre la prévision des situations favorables à leur développement. Toutefois, ce réseau mondial d'observations météorologiques (ou réseau synoptique) procure des mesures très localisées, et les instruments sont trop distants les uns des autres pour permettre l'observation détaillée des nuages, phénomènes météorologiques de petite taille et de courte durée de vie.

Pour mieux comprendre le comportement des nuages et prévoir leurs évolutions en fonction des possibles changements climatiques, des systèmes adaptés ont été spécialement conçus : appareils mobiles et pouvant fonctionner dans les environnements les plus variés, capteurs permettant des observations fines et fréquentes, systèmes de télédétection, avions instrumentés capables d'approcher ou de pénétrer les nuages pour effectuer des mesures plus précises et des prélèvements.

Parce qu'elles nécessitent l'utilisation d'un grand nombre de moyens spéciaux, coûteux et difficiles à mettre en œuvre, les opérations de recherche sur les nuages prennent le plus souvent la forme de campagnes internationales de mesures intensives dont la durée ne dépasse pas un ou deux mois. Le nombre de données enregistrées à l'occasion d'une seule de ces campagnes est considérable. Ensuite, leur traitement et leur analyse nécessitent parfois plusieurs années de travail avant de fournir aux scientifiques les résultats escomptés. Dès 1976, grâce à la collaboration de Météo-France, du Centre national de la recherche scientifique (CNRS) et des universités de Clermont-Ferrand, Lille, Paris et Toulouse, la France s'est dotée des moyens adaptés pour mener à bien de telles recherches. Grâce à plusieurs grandes campagnes d'études utilisant un ensemble de systèmes de mesures coordonnées et faisant appel à une forte coopération internationale (Fronts 76 et 77, COPT 81, Landes-Fronts 84, Fronts 87, TOGA-COARE 92-93, FASTEX 97, MAP 99, etc.), nous comprenons mieux les mécanismes qui gouvernent la formation des nuages et des précipitations. Un autre moyen de comprendre le fonctionnement des nuages est d'essayer de reproduire leurs comportements en laboratoire ou par l'intermédiaire de modèles mathématiques.

Prévoir les orages

Les instabilités sont estimées à partir de la connaissance des paramètres météorologiques de l'environnement : variations de température, d'humidité, de pression et de vent avec l'altitude. L'outil de base de ces mesures est la radiosonde placée sous un ballon météorologique gonflé à l'hélium. Des stations de radiosondage sont réparties dans le monde entier et fournissent des mesures jusqu'à une trentaine de kilomètres d'altitude. La collecte des données pour l'analyse météorologique à grande échelle se fait simultanément toutes les 12 heures (0 et 12 TU) et les informations sont centralisées dans les principaux centres de prévision météorologique.

En France, sept stations de radiosondage font partie de ce réseau : Trappes, Brest, Nancy, Bordeaux, Lyon, Nîmes et Ajaccio.

Les capteurs de télédétection active (radars profileurs de vent, systèmes RASS, sodars, lidars, etc.) fournissent de façon automatique et fréquente les variations verticales (ou profils verticaux) de paramètres météorologiques. Ils devraient remplacer peu à peu les radiosondages. La mise en place de radars capables de détecter des échos en air clair, et de réseaux de stations automatiques à forte fréquence d'observation permet de détecter certains des phénomènes de petite échelle susceptibles de déclencher les orages, comme les courants de densité ou les ondes de gravité.

En raison de l'importance des océans et des régions désertiques où peu d'appareils sont placés, les mesures effectuées à partir du sol n'offrent pas une couverture suffisante pour observer toutes les régions du Globe. Les capteurs embarqués sur satellites pallient en partie ces problèmes. Météosat enregistre une plage de longueurs d'onde pour lesquelles le rayonnement est absorbé par l'eau atmosphérique (le canal vapeur d'eau) et fournit des informations sur les zones qui présentent des excès ou des manques de vapeur d'eau. Cinq ou six satellites géostationnaires placés à 36 000 kilomètres de la Terre permettent ainsi d'observer l'ensemble de la planète de façon continue. Les satellites à défilement fournissent des profils verticaux de température et d'humidité à l'extérieur des nuages. Placés à une altitude comprise entre 500 et 1 000 kilomètres, ils fournissent des informations plus précises que les satellites géostationnaires, situés bien plus loin du sol. Si les capteurs embarqués actuellement sont encore trop imprécis pour répondre correctement aux besoins de données dans ce domaine, ils ouvrent cependant des perspectives intéressantes.

Développé par le Centre national d'études spatiales (CNES) pour Eumetsat (Organisation européenne pour les satellites météorologiques), l'instrument IASI (acronyme de *Infrared Atmospheric Sounder Interferometer* : interféromètre utilisant le rayonnement infrarouge pour effectuer des sondages atmosphériques) sera installé sur les satellites météorologiques METOP, dont le lancement est prévu pour l'an 2005. Il permettra d'évaluer à distance les variations verticales de température et d'humidité avec une résolution spatiale et une précision meilleures que celles réalisées jusqu'ici, à partir de satellites. Il fournira aussi des informations sur les quantités moyennes d'ozone, d'oxyde de carbone, de méthane, de dioxyde d'azote et de quelques autres gaz traces qui interviennent dans l'équilibre chimique de la troposphère et contribuent à l'effet de serre. Ces résultats seront déduits de la mesure d'intensité de certains rayonnements électromagnétiques qui parviennent jusqu'au satellite. Le rayonnement infrarouge émis par la surface terrestre et l'atmosphère subit, en traversant l'atmosphère, une atténuation qui n'est pas équitable pour toutes les longueurs d'onde : certaines sont fortement atténuées par la vapeur d'eau, d'autres par le gaz carbonique, etc. Plus un gaz est présent, plus la longueur d'onde associée est atténuée. Dans l'instrument IASI, la mesure de cette atténuation est effectuée, pour diverses longueurs d'ondes comprises entre 3,4 à 15,5 micromètres, à l'aide d'un interféromètre Michelson (instrument qui sélectionne les fréquences reçues grâce à l'observation des franges d'interférence produites par la superposition avec une onde électromagnétique étalon).

Le lidar, acronyme de *Light Detection And Ranging* (détection et télémétrie par rayon lumineux), utilise un rayonnement laser pour la détection d'objets à distance. Les longueurs d'onde utilisées (entre 0,3 et 15 micromètres) permettent la détection de molécules ou de poussières en suspension dans l'atmosphère. Le lidar Doppler permet en outre de mesurer la vitesse relative moyenne de ces particules et fournit donc aussi des informations sur le vent et la turbulence en air clair. L'embarquement d'un lidar Doppler fonctionnant dans l'ultraviolet à 355 nanomètres devrait permettre, à l'horizon 2007 (mission *Aeolus*), la mesure des valeurs que prend le vent en tous points de la troposphère terrestre.

Surveillance des orages et mesure des précipitations

Sur le Globe, on dénombre environ 100 000 stations de mesure équipées d'un pluviomètre. Leur répartition est irrégulière : elles sont plus nombreuses dans les pays peuplés que dans les régions désertiques ou au-dessus des océans. Certaines permettent d'accéder à des mesures fines d'intensité de précipitations, d'autres ne fournissent que des cumuls hebdomadaires. Les stations météorologiques de surface effectuent des mesures horaires complétées par l'observation d'un grand nombre de paramètres comme la couverture nuageuse et le type des nuages.

Des systèmes tels que Météorage et Safir permettent de localiser la foudre et d'observer le déplacement des orages sur les continents habités.

Le radar météorologique est un outil adapté pour observer et suivre les orages et autres systèmes précipitants. Le radar (acronyme de l'anglais *RAdio Detection And Ranging* qui signifie détection et télémétrie par radio) est un instrument électronique qui détecte des objets à distance en exploitant leurs propriétés de réflexion ou de diffusion des rayonnements électromagnétiques. Il émet pendant une courte durée (de l'ordre de la microseconde) des ondes radioélectriques qui se propagent dans l'atmosphère et sont réfléchies ou rétrodiffusées (diffusées dans la direction opposée) vers le radar lorsqu'elles rencontrent des obstacles. La mesure de la durée de leur trajet aller-retour permet de déterminer la distance de ces obstacles ou cibles. Si le radar est muni d'une antenne directionnelle qui concentre l'énergie dans une direction choisie, il est possible de localiser assez précisément ces cibles.

Avec des ondes centimétriques (dont la longueur d'onde est proche du centimètre), les météores présents dans l'atmosphère (gouttes de pluie, cristaux de glace, particules de grésil ou de grêle) rétrodiffusent suffisamment l'énergie reçue pour être facilement détectables jusqu'à une certaine distance. Moyennant quelques hypothèses sur la nature et sur la distribution de taille des hydrométéores, on peut aussi, à partir de l'intensité des signaux reçus par le radar, estimer grossièrement la masse d'eau contenue dans les nuages sous forme de précipitations et l'intensité de la pluie qui se dirige vers le sol.

Si les cibles se rapprochent ou s'éloignent du radar, la fréquence des ondes radioélectriques qu'elles renvoient est différente de celle des ondes émises par le radar (effet Doppler). De la même façon, le bruit émis par un mobile qui se déplace (avion, moto, train qui siffle, etc.) n'est pas reçu avec la même fréquence suivant que ce mobile se rapproche ou s'éloigne de vous. S'il se rapproche, le bruit reçu est plus aigu que le bruit émis, s'il s'éloigne, le bruit est plus grave. Une mesure de cette différence de fréquence permet de connaître la vitesse moyenne de déplacement des cibles par rapport au récepteur (ou vitesse relative) et peut donc aussi fournir des informations sur les vents qui les transportent. Les radars les plus sensibles permettent de détecter les insectes, les poussières et les inhomogénéités de température ou d'humidité, et fournissent ainsi des informations sur le vent et la turbulence en air clair.

Les fréquences radar employées couramment en météorologie sont comprises entre 3 et 35 gigahertz, ce qui correspond à des longueurs d'onde variant entre 10 et 0,86 centimètres. Les petites longueurs d'onde, plus proches de la taille des gouttelettes et des cristaux de glace, permettent une meilleure observation des nuages, mais sont rapidement atténuées par l'atmosphère et les précipitations, si bien qu'elles ne fournissent pas d'observation sur un large domaine. Les grandes longueurs d'onde sont un peu moins efficaces pour la détection des petits hydrométéores, mais elles ont l'avantage d'être peu atténuées et de permettre d'observer les précipitations dans un rayon de plus de 200 kilomètres et d'en évaluer l'intensité jusqu'à une centaine de kilomètres.

Moins précis localement que le pluviomètre, le radar assure une meilleure couverture spatiale. Lorsqu'il est couplé à un réseau de pluviomètres, il est possible d'obtenir des mesures quantitatives assez précises avec une résolution spatiale de l'ordre du kilomètre.

En cas de risque d'inondation, l'estimation des cumuls de précipitations (ou « lames d'eau ») au-dessus d'un bassin-versant est une information de première importance.

En France, Météo-France a installé le réseau ARAMIS, qui assure, en 2002, une couverture du territoire métropolitain à partir de 16 radars. Ces radars sont de deux types : les premiers avec une longueur d'onde de 5,7 centimètres, les seconds avec une longueur d'onde de 10 centimètres. Ils évaluent les champs d'intensité de précipitation toutes les 5 minutes. Toutes les 15 minutes, les mesures effectuées, et d'autres provenant d'États limitrophes, sont regroupées pour former une image composite ou « mosaïque » sur l'ensemble du territoire et estimer les lames d'eau. D'autres installations radar sont prévues pour mieux couvrir les régions les plus exposées aux risques d'orage et d'inondations.

Structure des nuages et champs de vents associés

Le radar est actuellement le seul appareil pouvant fournir une image d'ensemble du système nuageux. Un radar de longueur d'onde millimétrique équipé d'un récepteur assez sensible informe sur la structure des nuages de gouttelettes ou de cristaux de glace bien avant l'apparition de précipitations. On utilise ces ondes radar très courtes pour des observations précises dans les nuages et de plus grandes longueurs d'onde pour étudier la structure tri-dimensionnelle des précipitations et leur intensité. En modifiant l'orientation des vibrations qui composent les ondes électromagnétiques émises (radars à diversité de polarisation), on évalue mieux les intensités de précipitation et on détecte assez précisément le type de précipitation qui intervient dans les différentes régions du nuage (pluie, neige, grêle).

En chaque point, les valeurs du vent sont obtenues à l'aide de trois radars Doppler : chacun indique la vitesse à laquelle les cibles détectées se rapprochent ou s'éloignent (vitesse radiale ou projection orthogonale de la vitesse réelle des précipitations sur l'axe du faisceau radar). Moyennant certaines hypothèses, on aboutit au même résultat en utilisant seulement deux radars.

Dans la plupart des situations, les radars fixes sont situés trop loin des régions de formation et de développement des orages étudiés, de sorte que la résolution spatiale des mesures est insuffisante pour obtenir une description détaillée de la structure des nuages et des précipitations. Grâce aux avions instrumentés, on transporte rapidement des radars près des nuages et on collecte des données plus précises, associées à une meilleure résolution. Plusieurs radars à double faisceau ont été développés par des administrations américaines (NCAR et NOAA) en collaboration avec le CNRS et Météo-France et installés sur l'avion Electra du NCAR (système ELDORA/ASTRAIA) et sur les avions P3 utilisés par la NOAA pour la surveillance des cyclones tropicaux. Ces radars ont été utilisés avec succès dans des expériences coopératives, telles que TOGA COARE (1992-1993) pour l'étude des amas convectifs tropicaux au-dessus de l'océan Pacifique, FASTEX (1997) pour l'étude des perturbations qui se développent parfois brutalement au large des côtes atlantiques européennes, et MAP (1999) pour l'étude des précipitations orographiques.

Les satellites sont des supports particulièrement bien adaptés à l'observation globale des précipitations, car ils permettent d'assurer une couverture plus importante. Ainsi le radar à deux longueurs d'onde (1,25 et 2,14 centimètres), embarqué dans le cadre du programme TRMM (de l'acronyme *Tropical Rainfall Measuring Mission* qui signifie mission pour la mesure des pluies dans les régions tropicales) fournit des informations sur la répartition des précipitations dans les régions tropicales. Sur les satellites géostationnaires de type Météosat, certains capteurs permettent d'obtenir une information quasi-continue sur la couverture nuageuse, la température du sommet des nuages et leur vitesse de déplacement. Les satellites à défilement fournissent, pour l'ensemble du Globe, des données sur le contenu en eau des systèmes précipitants. Cependant, ces satellites ne repassent au-dessus d'un point de la surface terrestre qu'après une longue période (typiquement deux fois par jour), ce qui n'est pas suffisant pour assurer le suivi de phénomènes orageux, dont la durée de vie ne dépasse pas quelques heures.

Les avions spécialement instrumentés permettent d'approcher ou de pénétrer les nuages pour effectuer des mesures plus précises ou des mesures *in situ* et des prélèvements d'air nuageux, d'aérosols ou de particules de nuage.

Les possibilités de mesures microphysiques à l'intérieur même des nuages ont augmenté rapidement ces dernières années, et le dépouillement des données a été considérablement accéléré par l'emploi de systèmes d'acquisition et de traitement numériques. Des instruments embarqués à bord d'avions permettent de mesurer le diamètre des aérosols et des gouttes, par des moyens optiques (lasers). On évalue également la taille et la forme des cristaux de glace. Ces informations nous renseignent sur la manière dont ils se sont formés et ont évolué. Les instruments aéroportés évaluent avec précision la distribution des gouttes d'eau et des cristaux de glace le long de la trajectoire de l'avion. Des lidars, des radars et des radiomètres sont utilisés pour étendre ces mesures au-delà de cette trajectoire et obtenir ainsi une image complète et simultanée de la microphysique dans l'ensemble d'un nuage. Quelques avions ont été spécialement équipés pour pouvoir pénétrer les orages les plus violents ou les cyclones tropicaux. En France, des progrès sérieux ont pu être réalisés ces dix dernières années grâce à l'utilisation de quatre avions spécialement instrumentés pour les besoins de la recherche atmosphérique et de la télédétection : un Merlin IV et un Piper Aztec mis en œuvre par Météo-France, un Mystère 20 instrumenté par l'Institut national des sciences de l'Univers (INSU-CNRS) et un Fokker 27 mis en œuvre par un consortium constitué par le Centre national d'études spatiales (CNES), l'Institut géographique national (IGN), l'INSU-CNRS et Météo-France. Ces avions arrivent maintenant en fin de potentiel et seront remplacés en 2003 par un ATR 42-400.

Simulation des nuages et des précipitations

Une autre façon d'améliorer la compréhension des nuages est de simuler leur comportement. Dans le passé, de multiples expériences de simulation physique ont été menées en laboratoire dans des chambres fermées (chambres à nuage) où l'on faisait varier les conditions de température et d'humidité de façon à étudier divers processus, comme la condensation ou l'aptitude de certains aérosols à permettre la nucléation des gouttelettes de nuage ou des cristaux de glace. Avec l'apparition d'ordinateurs puissants, on a développé des méthodes de simulation numérique performantes. On simule ainsi la formation des nuages et des précipitations grâce à l'utilisation des équations mathématiques qui décrivent le comportement de l'air et les changements d'état de l'eau, dans des conditions météorologiques données. Ces modèles aident à décrire les mouvements à des échelles horizontales de quelques centaines de mètres et à tenir compte des divers processus qui interviennent dans les nuages (nucléation par les aérosols, condensation, collection, mélanges, rayonnement, etc.). Ils permettent d'effectuer des expériences numériques contrôlées : on modifie légèrement les valeurs de certains paramètres pour étudier leur influence sur le comportement du nuage. Les modèles reproduisent assez fidèlement les caractéristiques principales des nuages. Fournissant des informations complètes sur les principaux paramètres et sur leurs variations, ils sont aussi utilisés pour exploiter les données des campagnes d'observation et tester la vraisemblance de certaines hypothèses.

Ces modèles numériques sont extrêmement utiles, car ils permettent de simuler des expériences qui ne sont pas réalisables dans la Nature et d'interpréter les comportements observés en tenant compte des caractéristiques connues de l'atmosphère. Leur validité dépend cependant de leur capacité à représenter correctement l'atmosphère réelle. Il est nécessaire de comparer régulièrement leurs résultats à des observations précises effectuées dans les nuages. Il existe donc une forte synergie entre les moyens d'observation et les modèles de simulation numérique dans l'amélioration de notre connaissance du comportement des nuages et des précipitations.

Les résultats des modèles sont encore limités par la compréhension insuffisante de certains mécanismes et par les performances des moyens de calcul disponibles. L'une des grandes difficultés est de représenter correctement la microphysique ou la turbulence tout en utilisant des méthodes qui n'exigent pas des temps de calcul prohibitifs. En France, de tels modèles ont été développés en particulier au Laboratoire de météorologie dynamique, à Météo-France, et dans les universités de Toulouse, de Lille et de Clermont-Ferrand.

Situations à risque d'orage ou d'inondations

Nous l'avons vu, la prévision des orages est un exercice difficile. Les plus gros ordinateurs disponibles aujourd'hui ne permettent pas de représenter explicitement les nuages et les processus microphysiques dans les modèles de prévision générale du temps. Ces processus sont très simplifiés et sont représentés par ce qu'on nomme une paramétrisation. D'autres méthodes ont été développées à partir du calcul d'indices qui tiennent compte de la valeur des différents éléments favorables, accessibles à partir des données de radiosondages. Ces méthodes donnent des résultats assez satisfaisants puisque, dans le Sud-Ouest de la France, plus de 80 % des orages sont prévus de cette manière. Cependant, parmi les orages les plus violents, plus de 30 % échappent à cette prévision et le nombre de fausses alertes demeure important. La surveillance des situations à risque d'orage ou d'inondations commence plusieurs jours à l'avance grâce aux informations fournies par les modèles de prévision météorologique à moyenne échelle. Mais les paramètres qui détermineront si l'événement va être standard ou exceptionnel peuvent n'apparaître qu'au dernier instant. Pendant que l'échéance approche, les prévisionnistes surveillent les paramètres préoccupants : évolution de l'instabilité, arrivée d'air froid et sec en altitude ou d'air chaud et humide dans les basses couches, anomalies de tropopause, présence d'un jet d'altitude, forte variation du vent avec l'altitude, etc. Les stations de travail du prévisionniste lui donnent accès en permanence aux données disponibles, sur une série d'écrans. Pour de très brèves échéances, la station Aspic permet aux prévisionnistes de Météo-France de visualiser les données des satellites, des radars, des réseaux de détection de la foudre et des stations météorologiques automatiques, mais aussi d'élaborer des images radar prévues pour les deux heures à venir et de calculer les cumuls de précipitation associés (lames d'eau). Si le risque est avéré, des bulletins spéciaux sont émis à destination des abonnés, des bulletins d'alerte sont transmis aux Services d'annonce des crues et aux Centres de coordination de la Sécurité civile.

L'accroissement permanent des puissances de calcul disponibles laisse présager la mise en service, d'ici quelques années, de modèles de prévision qui prendront en compte les nuages de façon explicite. Il sera alors nécessaire d'augmenter considérablement le nombre de données d'observation utilisées pour démarrer la simulation et s'assurer régulièrement qu'elle ne s'éloigne pas trop de la réalité. Les travaux effectués actuellement à Météo-France et au Laboratoire d'aérologie de l'université de Toulouse préparent cette échéance grâce aux recherches effectuées dans le cadre du modèle Méso-NH. Mais, si ces projets ambitieux augurent d'une nette amélioration de la compréhension des orages et de la prévision des situations orageuses quelques heures avant, il est peu probable que l'on parvienne à prévoir, plusieurs jours à l'avance, des paramètres aussi précis que la structure fine d'un orage, sa localisation exacte, sa trajectoire ou sa durée de vie.

Remerciements

À Michèle pour sa patience et ses encouragements, à Claude Allègre pour sa lecture attentive et son élogieuse préface, à Pierre Bessemoulin, Philippe Bougeault, Serge Chauzy et à mes collègues du comité de lecture de Météo-France pour la pertinence de leurs remarques et de leurs suggestions, à Thomas Haessig pour la qualité de ses illustrations et à Bénédicte Leclercq pour la constance de son soutien et pour ses compétences.

Jean-Pierre Chalon

Lexique

A

Accrétion Mécanisme de croissance d'une particule de glace par collision et union avec des gouttelettes liquide d'eau surfondue. 125

Adiabatique Se dit d'une transformation thermodynamique qui s'effectue sans échange de chaleur avec le milieu extérieur. 81

Adiabatique saturé Processus adiabatique au cours duquel la condensation ou l'évaporation interviennent et provoquent le réchauffement ou le refroidissement de la parcelle d'air. 83

Adiabatique sec Processus adiabatique sans condensation ni évaporation. 82

Aérosol Suspension, dans un milieu gazeux, de particules solides ou liquides présentant une vitesse de chute négligeable. 58

Agrégation Réunion de petits cristaux de glace en hydrométéore plus gros et plus complexe, tel le flocon de neige. 125

Air Mélange de plusieurs gaz formant l'atmosphère terrestre. Les principaux sont l'azote (78 % du volume), l'oxygène (21 %) et l'argon (1 %). 8

Altocumulus Nuage des niveaux moyens (2 000-6 000 mètres) formant une couche de lamelles ou de flocons assez réguliers disposés en files ou en groupes. 35

Altostratus Nuage des niveaux moyens (2 000-6 000 mètres), en voile blanchâtre plus épais et plus sombre que le cirrostratus. 36

Amas convectif Système convectif de moyenne échelle ne présentant pas d'organisation en ligne. 147

Arc-en-ciel Phénomène météorologique lumineux en forme d'arc, offrant toutes les couleurs du prisme (violet, indigo, bleu, vert, jaune, orangé, rouge) et qui est produit par la réfraction et la réflexion des rayons du soleil dans les gouttes de pluie. 22

Arc en retour Puissant courant électrique qui remonte le canal ionisé préalablement établi entre le nuage et le sol. C'est la seule phase d'un éclair qui soit visible à l'œil nu. 153

Arcs tangents au halo de 22 degrés Arcs lumineux, tangents au sommet ou à la base du halo de 22 degrés et dont la forme varie beaucoup suivant la hauteur de l'astre (soleil ou lune) au-dessus de l'horizon. Il faut distinguer entre les arcs tangents supérieurs et les arcs tangents inférieurs. 24

Arcs tangents au halo de 46 degrés Arcs lumineux semblables à des fragments d'arc-en-ciel, situés symétriquement par rapport à l'astre éclairant, soleil ou lune, vers lequel ils tournent leur convexité ; lorsque le grand halo de 46 degrés est visible, ils lui sont tangents en des points symétriques situés sur la demi-circonférence inférieure du halo. Il faut distinguer entre les arcs tangents supérieurs et les arcs tangents inférieurs. 24

Atmosphère Couche d'air qui entoure le globe terrestre. Les couches de l'atmosphère sont : la troposphère, la stratosphère, la mésosphère, la thermosphère, la biosphère, l'exosphère, l'ionosphère et la magnétosphère. L'atmosphère est aussi une unité de mesure de la pression d'un gaz qui vaut 1013 hectopascals. 8

Averse Précipitation de courte durée et souvent forte, tombant de nuages convectifs ; les gouttes ou les particules solides qui la composent sont en général plus grosses que dans les autres précipitations. Les averses sont caractérisées par leur début et leur fin brusques, par leurs variations d'intensité généralement violentes et rapides et, le plus souvent, par l'aspect du ciel : alternance rapide de nuages sombres et menaçants (cumulonimbus) et d'éclaircies de courte durée. 18

B

Bilan radiatif Bilan des flux d'énergies émises et propagées sous forme d'ondes électromagnétiques. 15

Bleu du ciel Coloration d'un bleu plus ou moins vif du ciel sans nuages. Elle est causée par la diffusion (ou dispersion) sélective, plus forte pour le bleu, des radiations solaires par les molécules de l'air. 20

Brise de mer Vent soufflant de la mer vers les terres pendant la journée. 91

Brise de terre Vent soufflant des terres vers la mer pendant la nuit. 91

Brouillard Suspension dans l'atmosphère de très petites gouttelettes d'eau, réduisant généralement la visibilité horizontale à la surface du globe à moins de 1 kilomètre. 60

Brouillard d'advection Brouillard se formant dans la partie inférieure d'une masse d'air humide qui se déplace sur une surface plus froide. 68

Brouillard d'évaporation Brouillard de mélange souvent observé au-dessus d'une étendue d'eau chaude, qui résulte de la rencontre d'une masse d'air froid et stable et d'une couche d'air réchauffé et humidifié par la surface d'eau chaude sous-jacente. 69

Brouillard de mélange Brouillard produit par le mélange de deux masses d'air humides mais non saturées et de températures différentes. 68

Brouillard de pente Brouillard formé sur des pentes de colline ou de montagne exposées au vent, suite à l'ascension forcée de l'air le long d'un relief. 67

Brouillard de rayonnement Brouillard dû à un rayonnement nocturne suffisant pour amener, au voisinage du sol, un refroidissement de l'air jusqu'à condensation de la vapeur d'eau contenue dans l'air. 68

Bruine Précipitation assez uniforme, constituée exclusivement par de fines gouttes d'eau (de diamètre inférieur à 0,5 millimètre), très rapprochées les unes des autres. 120

Brume Suspension dans l'atmosphère de microscopiques gouttelettes d'eau ou de particules hygroscopiques humides, réduisant la visibilité à la surface du globe. 61

C

Canal de l'éclair Chemin irrégulier dans l'atmosphère suivi par un éclair. 150

Capteur capacitif à couches minces Capteurs permettant de déterminer l'humidité de l'air par la mesure des variations d'une capacité électrique. 57

Cellule convective Élément constitutif des orages, formé d'un courant ascendant et d'un courant descendant. 146

Chaleur Forme d'énergie transférée par les différences de température. 51

Chaleur latente Chaleur absorbée ou libérée lors des changements de phase de l'eau. 51

Changement de phase Transformation d'un corps entre les phases solide, liquide et gazeuse. 9

Cirrocumulus Nuage de haute altitude composé de flocons séparés (ciel moutonné). 34

Cirrostratus Nuage de haute altitude, en forme de voile blanchâtre presque translucide. 44

Cirrus Nuage de haute altitude, composé de flocons ou de filaments. 33

Coalescence Phénomène de fusion (ou d'union) de gouttelettes d'eau liquide en une gouttelette unique. 123

Collection Mécanisme de croissance des gouttelettes ou des gouttes d'eau liquide par capture d'autres gouttelettes. Pour que la collection se produise, il est nécessaire que les gouttes se rencontrent (collision) puis fusionnent (coalescence). 123

Colonne lumineuse Traînée de lumière blanche continue ou non qui peut être observée à la verticale du soleil ou de la lune, au-dessus et au-dessous de l'astre. 36

Condensation Transformation d'un gaz en liquide (condensation liquide) ou en solide (condensation solide). 51

Congélation Passage de l'état liquide à l'état solide. 51

Convection Mouvement vertical de parcelles d'air généré par des différences de densité. 80

Convergence Concentration du vent vers une région donnée (opposé : divergence). 89

Courant (ascendant, descendant) Mouvement vertical de l'air. 88

Courant de densité Mouvement produit par l'écart de densité entre deux fluides. 140

Couronne Phénomène optique comportant une ou plusieurs séries (rarement plus de trois) d'anneaux colorés, centrés sur le soleil ou la lune et de rayons relativement faibles. 34

Cumuliforme En forme de cumulus. Nuage dans lequel les mouvements verticaux sont plus importants que les mouvements horizontaux. 38

Cumulonimbus Nuage dense de grande extension verticale ressemblant à une montagne ou à une tour gigantesque. 39

Cumulus Nuage blanc et dense aux contours nets se développant verticalement par des excroissances en forme de dôme ou de tour. 38

Cyclone Tempête caractérisée par le mouvement giratoire convergent et ascendant du vent autour d'une zone de basse pression. 10

Cyclone tropical Violente perturbation se produisant sur les océans tropicaux, accompagnée de vents dont la vitesse est supérieure à 100 kilomètres par heure. 147

D

Décharge électrique Flux d'électricité dans un gaz, s'accompagnant de l'émission de rayonnement électromagnétique. 150

Décharge en retour Décharge intense et très lumineuse faisant immédiatement suite au traceur et s'écoulant en sens inverse dans le même canal. 153

Décharge nuage-sol Décharge électrique qui se produit par temps d'orage entre deux nuages ou entre un nuage et le sol, avec une lumière et une détonation, souvent synonyme d'éclair ou de décharge nuage-sol (synonyme : foudre). 148

Degré Celsius (°C) Unité de température telle que, à la pression standard (1 013,25 hectopascals), la glace fond à 0 °C et l'eau bout à 100 °C. 19

Dépression Zone de basses pressions. 10

Diffraction Figure d'interférence produite à l'intérieur de l'ombre géométrique d'un obstacle, due à l'incurvation, variable selon la longueur d'onde, des ondes lumineuses qui rencontrent l'obstacle. Ainsi, des irisations apparaissent lorsque les rayons du soleil rasent les bords des gouttelettes d'eau en suspension. Les autres phénomènes de diffraction importants sont : l'auréole, l'anneau de Bishop, la couronne et la gloire. 23

Dynamique Étude des mouvements et des forces qui les provoquent. 86

E

Éclair Manifestation lumineuse qui accompagne une décharge brusque d'électricité atmosphérique. 150

Effet de serre Échauffement des couches inférieures de l'atmosphère dû au fait que le rayonnement terrestre est absorbé par l'atmosphère dans une proportion beaucoup plus importante que le rayonnement solaire. 11

Effet Doppler Variation de fréquence d'une onde électromagnétique ou acoustique lorsqu'elle est émise ou réfléchie par un mobile. 156

Embryon Hydrométéore à partir duquel se développe une goutte d'eau ou un cristal de glace. 58

Enclume Partie supérieure cirriforme ou stratiforme d'un cumulonimbus très développé. 18

Énergie convective disponible Énergie susceptible d'être libérée lors du déplacement vertical de parcelles d'air. 112

Environnement Région atmosphérique supposée homogène et non perturbée dans laquelle se développent les nuages. 31

Équilibre État d'un système dont les caractéristiques restent constantes au cours du temps. 9

Évaporation Transformation d'un liquide en vapeur par sa surface libre. 13

F

Flocon de neige Agglomérat de cristaux de glace. 128

Fluide Liquide ou gaz. 90

Fœhn Vent chaud et sec qui se produit au versant sous le vent d'une barrière montagneuse. 94

Fonte Transformation d'un solide en liquide (synonyme : fusion). 50

Force de Coriolis Force composée due à la rotation de la Terre sur elle-même, qui agit sur les particules d'air dont on considère le mouvement par rapport à la Terre. 156

Foudre Décharge électrique qui se produit par temps d'orage entre deux nuages ou entre un nuage et le sol, avec une lumière et une détonation, souvent synonyme d'éclair ou de décharge nuage-sol. 148

Front Interface ou zone de transition entre deux masses d'air de caractéristiques (température, humidité, densité...) différentes. 93

Front chaud Interface ou zone de transition entre deux masses d'air de caractéristiques différentes, dans le cas où l'air le plus chaud se déplace vers l'air le plus froid. 95

Front de rafales Partie avant d'un courant de densité, caractérisée par une augmentation de la pression et une soudaine amplification du vent. 137

Front froid Interface ou zone de transition entre deux masses d'air de caractéristiques différentes, dans le cas où l'air le plus froid se déplace vers l'air le plus chaud. 95

G

Givrage Formation au contact d'un corps solide, d'une couche de glace extrêmement ténue et blanche, provenant de la cristallisation de fines gouttelettes d'eau en surfusion. 63

Glaçogène Qui peut servir de support à la formation de glace. 63

Gloire Une ou plusieurs séries d'anneaux colorés, vus par un observateur autour de son ombre portée sur un nuage ou sur du brouillard ou, mais très rarement, sur de la rosée. 22

Goutte de pluie Hydrométéore précipitant d'eau liquide de diamètre supérieur à 0,5 millimètre. 120

Gouttelette de nuage Gouttelette (surfondue ou non) d'un diamètre d'environ 4 à 100 microns, composant un nuage. 121

Gradient Taux de variation d'une grandeur physique en fonction de la distance. 82

Gradient adiabatique saturé Taux de variation de la température en fonction de l'altitude pour une parcelle d'air saturé. Plus important pour l'air chaud que pour l'air froid, dans la basse troposphére, le gradient adiabatique saturé vaut environ –6 degrés Celsius par 1 000 mètres. 83

Gradient adiabatique sec Taux de variation de la température en fonction de l'altitude pour une parcelle d'air non saturé. Dans la basse troposphére, le gradient adiabatique sec vaut environ –10 degrés Celsius par 1 000 mètres. 82

Grain Coup de vent violent durant au plus quelques minutes, qui commence et se termine soudainement. 133

Gravité Force d'attraction gravitationnelle de la Terre sur les corps situés dans son voisinage. Près du sol, sa valeur est voisine de 9,8 mètres par seconde carrée ($m.s^{-2}$). 76

Grêle Précipitation de grêlons. 131

Grêlon Globule ou morceau de glace dont le diamètre varie de 5 à 50 millimètres et quelquefois plus. Les grêlons sont constitués presque entièrement par de la glace transparente, ou par une série de couches de glace transparente dont l'épaisseur est d'au moins 1 millimètre, et qui alternent avec des couches translucides. 131

Grésil Précipitation de particules de glace, transparentes ou translucides, de forme sphérique ou irrégulière, rarement conique, et dont le diamètre est inférieur à 5 millimètres. 151

H

Halo Couronne brillante autour d'un astre, engendrée par la réfraction ou la réflexion de la lumière par des cristaux de glace en suspension dans l'atmosphère (nuages cirriformes, brouillard glacé, etc.). 23

Halo de 22 degrés ou petit halo Anneau blanc, lumineux, centré sur l'astre éclairant, dont le rayon est vu sous un angle de 22 degrés. Le petit halo présente sur son bord intérieur une frange rouge peu visible et, dans quelques rares cas, une frange violette sur son bord extérieur. La partie du ciel située à l'intérieur de l'anneau est nettement plus sombre que le reste du ciel. 23

Halo de 46 degrés ou grand halo Halo constitué par un anneau faiblement lumineux centré sur le soleil ou sur la lune ; son rayon est vu sous un angle 46 degrés. Il est beaucoup moins fréquent que le petit halo et toujours moins lumineux que lui. 124

Hectopascal (hPa) Unité de mesure de pression équivalent à 1 millibar (un hectopascal vaut 100 pascals). 77

Humidité absolue Masse de vapeur d'eau contenue dans un volume d'un mètre cube d'air. 55

Humidité relative Proportion entre la quantité de vapeur d'eau effectivement contenue dans l'air et la capacité totale d'absorption de l'air à la même température. 56

Hydrométéore Particule d'eau, liquide ou solide composant un nuage, un brouillard, une précipitation, du givre ou de la rosée. 126

Hygromètre Appareil permettant de mesurer l'humidité atmosphérique. 56

I

Infrarouge Domaine des longueurs d'ondes électromagnétiques comprises entre 0,77 micromètre et 1 millimètre. 11

Inhibition convective Énergie qu'il faut fournir à une couche atmosphérique potentiellement instable pour la soulever jusqu'au niveau de convection libre et déclencher l'instabilité. 112

Instabilité Propriété de l'état d'un système telle que toute perturbation introduite dans cet état s'amplifie. L'instabilité de l'atmosphère pour les déplacements verticaux est dite convective (ou hydrostatique). 84

Instabilité absolue Instabilité convective existant aussi bien pour l'air non saturé que pour l'air saturé. 87

Instabilité conditionnelle Instabilité convective caractérisée par une instabilité pour les déplacements de l'air saturé mais par une stabilité pour ceux de l'air non saturé. 89

Instabilité de Kelvin-Helmholz Génération de tourbillons dans un fluide à l'interface entre deux régions possédant des densités et des vitesses différentes. 88

Instabilité potentielle Condition propre à une colonne d'air en état de stabilité convective mais qui deviendrait instable si elle était soulevée en bloc jusqu'à saturation complète. 89

Interférence Phénomène résultant de la superposition de deux vibrations de même longueur d'onde, lorsque celles-ci sont en phase ou en opposition de phase. 162

Interféromètre Instrument permettant de mesurer la distance des franges d'interférence, et servant à comparer la longueur d'un objet ou d'une onde à celle d'une onde connue. 161

Irisations Couleurs observées sur les nuages, tantôt entremêlées, tantôt ayant l'aspect de bandes sensiblement parallèles aux contours des nuages. Les couleurs prédominantes sont le vert ou le rose, souvent avec des nuances pastel. 23

J

Joule Unité de mesure de travail, d'énergie et de quantité de chaleur correspondant au travail d'une force de un newton se déplaçant de un mètre dans la direction de la force. 14

L

Lidar Acronyme de « Light Detection And Ranging », instrument utilisant le rayonnement laser pour détecter des cibles atmosphériques. 162

Ligne de grains Système nuageux convectif de moyenne échelle présentant une structure en ligne. 118

Longueur d'onde Distance entre deux maximums ou deux minimums d'un phénomène ondulatoire. 14

M

Mamma Protubérance en forme de mamelle pouvant apparaître à la surface inférieure de certains nuages. 45

Masse volumique Rapport de la masse d'un corps ou d'un gaz au volume qu'il occupe. 55

Météore Phénomène, autre qu'un nuage, observé dans l'atmosphère ou à la surface du globe. Ce phénomène peut consister en précipitations, en une suspension ou un dépôt de particules liquides ou solides, aqueuses ou non ; il peut également consister en une manifestation de nature optique ou électrique. 163

Météorologie Étude des phénomènes atmosphériques qui se produisent dans la troposphère et la basse stratosphère. 8

Micromètre (µm) Un millionième de mètre ou un millième de millimètre. On dit aussi un micron. 14

Microphysique Étude des processus de formation et d'évolution des hydrométéores. 134

Modèle numérique Ensemble d'équations représentant l'évolution des variables d'un système physique. 9

Millibar Unité de mesure de pression équivalent à 1 hectopascal (hPa). 77

Molécule Groupe d'atomes formant la partie élémentaire d'un corps dont il possède toutes les propriétés chimiques. 9

Moyenne échelle (ou méso-échelle) Échelle d'espace comprise horizontalement entre quelques dizaines et quelques centaines de kilomètres, et s'étendant verticalement du sol à la troposphère ou à la basse stratosphère. 88

N

Nébulosité Fraction du ciel couverte par des nuages à un moment donné. 27

Neige Précipitation de cristaux de glace dont la plupart sont ramifiés (parfois étoilés). 128

Neige en grains Précipitation de très petits grains de glace, blancs et opaques, relativement plats ou allongés et dont le diamètre est généralement inférieur à un millimètre. 130

Neige roulée Précipitation de grains de glace, blancs et opaques. Ces grains souvent observés dans les giboulées de mars, sont généralement coniques et ont un diamètre compris entre deux et cinq millimètres. 130

Newton (N) Unité représentant la force nécessaire pour conférer une accélération d'un mètre par seconde carrée ($m.s^{-2}$) à un objet dont la masse est d'un kilogramme (kg). 77

Nimbostratus Nuage sombre aux contours déchiquetés qui se forme à basse altitude et se résout rapidement en pluie. 37

Niveau de condensation Altitude à partir de laquelle une parcelle d'air humide soulevée depuis le voisinage du sol devient saturée. 102

Niveau de convection libre Altitude au-dessus de laquelle la température d'une parcelle d'air, soulevée depuis le voisinage du sol, devient supérieure à celle de l'environnement. 112

Noyau de condensation Noyau sur lequel s'opère la condensation liquide de la vapeur d'eau. 60

Noyau de congélation Noyau sur lequel s'opère la congélation de l'eau. 64

Noyau glaçogène Noyau donnant naissance à de la glace (noyau de congélation ou noyau de sublimation). 63

Noyau de sublimation Noyau sur lequel s'opère la condensation solide de la vapeur d'eau. 70

Nuage Ensemble visible de minuscules particules d'eau liquide ou de glace, ou des deux à la fois, en suspension dans l'atmosphère. Cet ensemble peut également comporter des particules d'eau liquide ou de glace de plus grandes dimensions, des particules liquides non aqueuses ou des particules solides, provenant par exemple de vapeurs industrielles, de fumées ou de poussières. 7

Nuage convectif Nuage résultant de l'instabilité convective (cumulus et cumulonimbus). 51

Nuage d'onde Nuage observé à la crête des ondes stationnaires qui se forment dans un flux d'air franchissant une chaîne de collines ou de montagnes. 41

Nuage nacré Nuage ressemblant à un cirrus ou à un altocumulus lenticularis et présentant des irisations très marquées analogues à celles de la nacre ; les couleurs des irisations ont leur éclat maximal lorsque le soleil se trouve à quelques degrés au-dessous de l'horizon. 41

Nuage nocturne lumineux Nuage ressemblant à des cirrus fins, mais présentant une teinte bleuâtre ou argentée, parfois orangée à rouge ; il se détache sur le fond sombre du ciel nocturne. Son altitude est comprise entre 75 et 90 kilomètres. 41

Nuage orographique Nuage dont la présence et la forme sont déterminées par le relief du sol. 40

Nuage stratiforme Nuage de type stratus dans lequel les mouvements verticaux sont beaucoup plus faibles que les mouvements horizontaux. 38

Nucléation Action de particules, dénommées noyaux, dans le passage de la phase vapeur aux phases liquide ou solide ou dans le passage de la phase liquide à la phase solide. 58

O

Onde électromagnétique Champ électrique et magnétique ondulant se propageant dans le vide ou dans un milieu matériel. 125

Orage Phénomène météorologique caractérisé par la présence d'éclairs ou de tonnerre, toujours associé à un cumulonimbus. 10

Orage multicellulaire Orage formé de plusieurs cellules convectives à différents stades de leur développement. 146

Orage supercellulaire Orage formé d'une seule cellule convective extrêmement puissante et stable. 143

Orographie Qui a trait au relief. 40

P

Parcelle Petit volume d'air ayant des caractéristiques homogènes. 80

Pascal (Pa) Pression résultant de l'application d'une force de 1 Newton (N) sur une surface de 1 mètre carré (m^2). 77

Photométéore Phénomène optique de l'atmosphère. Les principaux photométéores sont : le halo, l'arc-en-ciel, la couronne, les irisations, la gloire, l'anneau de Bishop, le mirage… 22

Pluie Précipitation formée de gouttes d'eau de diamètre supérieur à 0,5 millimètre (mm). 7

Point de rosée Température à laquelle il faut refroidir un volume d'air, à pression et humidité constantes, pour qu'il devienne saturé. Tout refroidissement supplémentaire produit la formation de gouttelettes de rosée. 57

Polarisation Phénomène qui se traduit par l'introduction d'une dissymétrie par rapport à la direction de propagation des radiations (polarisation linéaire, circulaire). 165

Poussée d'Archimède Force dirigée vers le haut, exercée sur un corps par le fluide dans lequel il est plongé. 86

Précipitation Toute particule d'eau liquide ou de glace présente dans l'air, suffisamment grosse pour posséder une vitesse de chute propre par rapport à l'air et éventuellement atteindre le sol. 8

Processus adiabatique Transformation thermodynamique opérée sans échange de chaleur entre le système considéré et son environnement. Dans un processus adiabatique, un « refroidissement adiabatique » accompagne la détente et un « réchauffement adiabatique » accompagne la compression. 81

Processus de Bergeron Mécanisme de croissance des cristaux de glace, dans un milieu chargé en gouttelettes d'eau, par déposition préférentielle de la vapeur d'eau sur la glace. 126

Profil vertical Ensemble des valeurs d'une grandeur à différentes altitudes, au-dessus d'un point donné. 161

Psychromètre Instrument de mesure de l'humidité de l'atmosphère, constitué par deux thermomètres identiques dont les réservoirs sont l'un sec et l'autre recouvert d'une pellicule d'eau pure ou de glace. 57

R

Radar Acronyme de « Radio Detection And Ranging » (détection et télémétrie par ondes radio), instrument électronique permettant la détection des objets par leurs propriétés de réflexion ou de rétrodiffusion d'un rayonnement électromagnétique. Un radar météorologique utilise cette caractéristique des hydrométéores pour détecter les précipitations. 10

Radar à diversité de polarisation Radar permettant de comparer l'intensité des échos reçus dans diverses polarisations. 165

Radar Doppler Radar qui permet d'évaluer la vitesse des cibles observées, par la mesure de l'écart de fréquence existant entre les signaux émis et les signaux reçus. 156

Radiatif Qui concerne les radiations. 14

Radiation Émission d'énergie sous forme d'ondes électromagnétiques (synonyme : rayonnement). 10

Radiosondage Observation de la structure verticale de l'atmosphère à l'aide d'une radiosonde. 57

Radiosonde Ensemble d'instruments transportés par ballon pour la mesure en altitude de la température, de la pression, de l'humidité, parfois du vent. Les informations recueillies sont transmises par radio à une station de réception. 160

Rafale Augmentation soudaine de la vitesse du vent. 140

Rapport de mélange Dans une parcelle d'air humide, rapport des masses de vapeur d'eau et d'air sec. 55

Rayonnement Émission d'énergie sous forme d'ondes électromagnétiques (synonyme : radiation). 10

Réflexion Processus par lequel une surface marquant la limite entre deux milieux différents renvoie vers la direction d'origine une partie de l'énergie des ondes reçues. 24

Réfraction Modification de la direction de propagation d'une onde lorsque les caractéristiques du milieu dans lequel elle se propage changent. 23

Rétrodiffusion Diffusion d'une onde dans la direction opposée à celle de sa propagation initiale. 163

Rosée Condensation de la vapeur d'eau sous forme de fines gouttelettes d'eau qui se déposent sur les objets au sol ou près du sol. 57

S

Saturation État dans lequel le contenu en vapeur d'eau atteint la valeur maximum au-delà de laquelle devrait se produire la condensation liquide (saturation par rapport à l'eau liquide) ou solide (saturation par rapport à la glace). 52

Stabilité Propriété de l'état de repos ou de mouvement permanent d'un système tel que toute perturbation introduite dans cet état s'atténue. 84

Stabilité absolue Stabilité convective qui existe aussi bien pour l'air saturé que pour l'air non saturé. 85

Stabilité convective Stabilité pour les mouvements verticaux. 85

Stratiforme Caractérise une structure en nappes superposées, avec des mouvements verticaux d'intensités très inférieures à celles des mouvements horizontaux. 38

Stratocumulus Couche nuageuse sombre ou ensemble de bancs nuageux minces, situés à une altitude moyenne de 2 000 mètres. 37

Stratosphère Couche de l'atmosphère comprise entre la tropopause (située entre 6 à 17 kilomètres d'altitude) et la stratopause (50 kilomètres d'altitude). 78

Stratus Nuage des niveaux bas qui présente l'aspect d'un voile continu. 38

Sublimation Passage de l'état solide à l'état gazeux sans passage par l'état liquide. 50

Supercellule Voir orage supercellulaire. 143

Surfusion État d'une substance qui reste liquide au-dessous de son point de congélation. 71

Sursaturation État d'un gaz contenant une quantité de vapeur supérieure à celle qui serait nécessaire pour le saturer. 71

Sursaturation par rapport à la glace État d'un échantillon d'air humide pour lequel la quantité de vapeur d'eau est supérieure à celle permettant la saturation de l'échantillon par rapport à la glace, à la même température et à la même pression. 61

Sursaturation par rapport à l'eau liquide État d'un échantillon d'air humide pour lequel la quantité de vapeur d'eau est supérieure à celle permettant la saturation de l'échantillon par rapport à l'eau liquide, à la même température et à la même pression. 61

T

Température Mesure de l'énergie interne due à l'agitation thermique des molécules. Elle s'exprime en degrés Celsius ou en Kelvin. 10

Tension de vapeur Pression exercée par la vapeur sur une surface. 55

Thermosphère Couche de l'atmosphère, située au-dessus de la mésopause, dans laquelle la température croit généralement avec l'altitude. 78

Tonnerre Bruit sec ou roulement sourd qui accompagne l'éclair. 153

Tornade Perturbation atmosphérique tourbillonnante, de petite dimension mais très intense, aux effets destructeurs. 154

Traceur Première phase (prédécharge) d'une décharge atmosphérique explosive qui correspond à l'établissement d'un canal ionisé et se propage généralement d'un nuage vers le sol. 152

Traceur par bonds Traceur d'une première décharge, dans laquelle le canal ionisé s'établit par bonds successifs. 152

Traînée de condensation Nuage formé dans le sillage d'un aéronef lorsque l'air au niveau du sol est suffisamment froid et humide. 41

Tropopause Limite entre la troposphère et la stratosphère, située vers 6 à 8 kilomètres au voisinage des pôles, 16 à 18 kilomètres à l'équateur, et caractérisée par un changement net de la variation verticale de température. 78

Troposphère Partie de l'atmosphère comprise entre le sol et la tropopause, dans laquelle la température décroît avec l'altitude. **31**

U-V

Ultraviolet Domaine des longueurs d'ondes électromagnétiques comprises entre 0,1 et 0,4 micromètres (μm). **79**

Vapeur d'eau Forme gazeuse transparente de l'eau. **14**

Vapeur saturante Vapeur ayant atteint son point de saturation. **53**

Table des matières

Relecture par Cécile Michaut et Laurence Vitot.
Mise en page par Valérie Bardiau.

Imprimé en Italie - M.P. Stampa - Mathi (TO)
Dépôt légal : Août 2002